环保进行时丛书

服装环保新概念

FUZHUANG HUANBAO XIN GAINIAN

主编：张海君

花山文艺出版社
河北·石家庄

图书在版编目（CIP）数据

服装环保新概念 / 张海君主编. —石家庄 ：花山文艺出版社，2013.4（2022.3重印）
（环保进行时丛书）
ISBN 978-7-5511-0940-6

Ⅰ.①服… Ⅱ.①张… Ⅲ.①环境保护－青年读物②环境保护－少年读物 Ⅳ.①X-49

中国版本图书馆CIP数据核字(2013)第081154号

丛 书 名：环保进行时丛书
书　　名：服装环保新概念
主　　编：张海君

责任编辑：贺　进
封面设计：慧敏书装
美术编辑：胡彤亮
出版发行：花山文艺出版社（邮政编码：050061）
（河北省石家庄市友谊北大街 330号）
销售热线：0311-88643221
传　　真：0311-88643234
印　　刷：北京一鑫印务有限责任公司
经　　销：新华书店
开　　本：880×1230　1/16
印　　张：10
字　　数：160千字
版　　次：2013年5月第1版
2022年3月第2次印刷
书　　号：ISBN 978-7-5511-0940-6
定　　价：38.00元

（版权所有　翻印必究·印装有误　负责调换）

目　录

第一章　我倡导，我践行——低碳衣着

第二章　绿色生活呼唤低碳服装

第三章　低碳环保的绿色服装新材料

第四章 低碳服装业，绿色衣纤维

第五章 低碳服装行业的生态染整

第一章

我倡导，我践行——低碳衣着

一、低碳衣着的碳算法

1. 少买不必要的衣服

服装在生产、加工和运输过程中，要消耗大量的能源，同时产生废气、废水等污染物。在保证生活需要的前提下，每人每年少买一件不必要的衣服可节能约2.5千克标准煤，相应减排二氧化碳6.4千克。如果全国每年有2500万人做到这一点，就可以节能约6.25吨标准煤，减排二氧化碳16万吨。

2. 减少住宿宾馆时的床单换洗次数

床单、被罩等的洗涤要消耗水、电和洗衣粉，而少换洗一次，可省电0.03度、水13升、洗衣粉22.5克，相应减排二氧化碳50克。如果全国所有星级宾馆采纳绿色客房标准的建议：3天更换一次床单，每年可综合节能约1.6万吨标准煤，减排二氧化碳4万吨。

每月手洗一次衣服

3. 采用节能方式洗衣

（1）每月手洗一次衣服。

随着人们物质生活水平的提高，洗衣机已经走进千家万户。虽然洗衣机给生活带来很大的便利，但只有两三件衣物就用机洗，会造成水和电的浪费。如果每月用手洗代替一次机洗，每台洗衣机每年可节能约1,4千克

标准煤，相应减排二氧化碳3.6千克。如果全国1.9亿台洗衣机都因此每月少用一次，那么每年可节能约26万吨标准煤，减排二氧化碳68.4万吨。

（2）每年少用1千克洗衣粉。

洗衣粉是生活必需品，但在使用中经常出现浪费的现象；合理使用，就可以节能减排。比如，少用1千克洗衣粉，可节能约0,28千克标准煤，相应减排二氧化碳0,72千克。如果全国3.9亿个家庭平均每户每年少用1千克洗衣粉，1年可节能约10.9万吨标准煤，减排二氧化碳28.1万吨。

（3）选用节能洗衣机。

节能洗衣机比普通洗衣机节电50%、节水60%，每台节能洗衣机每年可节能约3.7千克标准煤，相应减排二氧化碳9.4千克。如果全国每年有10%的普通洗衣机更新为节能洗衣机，那么每年可节能约7万吨标准煤，减排二氧化碳17.8万吨。

二、穿衣切记松紧适宜

衣服过重、压力增大时，会对身体产生一定的压迫，致使呼吸运动或血液循环受到障碍，或者使某些内脏器官移位或变形，从而严重地影响身体健康。

穿紧身衣裤对儿童发育的影响是众所周知的，对女青年来说也是不合适的。其原因是：女性的阴道常分泌一种酸性液体使外阴保持湿润，有防止细菌侵入和杀灭细菌的作用。若裤子穿得过紧，不利于阴部湿气的蒸发，长时间过热、过湿的环境为细菌繁殖创造了有利条件，容易引起炎症。在炎症的刺激下，分泌物增多，又会引起瘙痒，甚至引起泌尿系统感染。因此，内裤宜宽大适中，并且不能用化纤衣料做内裤。紧身裤对男子同样也不利。因为睾丸紧靠身体，温度过高就会产生不正常的精液，长此下去，会影响睾丸正常的生理功能，成年人还可能因此而引起不育症。穿紧身裤在炎热的夏季不仅不能散发热量，对身体的正常生理卫生也不适宜。尤其是紧身裤容易引起腹股沟癣或湿疹，令人奇痒难忍，治疗也比较费时。

综上所述，有利于健康的衣服应该是舒适合体、质地轻柔，尽可能地不压迫身体，尤其是不压迫身体的软组织部分，衣服的重量最好由两肩和腰部适当承担。

三、常换衣服保健康

常换衣服是健康之道。皮肤所分泌的汗液、皮脂及皮肤屑可污染内衣，特别是贴身内衣受污染的机会更多。衣服被污染后，保温性、吸湿性、吸水性等性能均减弱，同时，一些霉菌、化脓性细菌的生长繁殖，会导致皮肤病的发生。具体原因如下。

（1）人体皮肤每平方厘米有1000多条汗腺，全身表皮分布几百万个汗孔，从体内不断排汗。汗中含有尿素、尿酸甘酸、盐分等废物，大约占汗水的20%，留在衣服上的“汗渍”，就是这些废物痕迹。在夏天出汗多，衣服必须天天换洗。

（2）紧挨在毛囊附近的皮脂腺每天约分泌20～40克皮脂，均匀地在全身表面形成薄薄一层，起着滋润、保温、护肤作用。但这些皮脂分泌物为高级脂肪酸和胆固醇脂，会和汗液、表皮脱屑、灰尘等混合附着在衣服纤维里，若不及时清除，会使衣服逐渐被酸化而发黄。

（3）皮肤的表皮细胞在新陈代谢过程中，衰亡细胞与角质皮层经常从表皮脱落下来，加之身上汗毛脱落，两者与皮脂组成污垢，黏附于贴身

的衣服上，使衣服变脏。

因此，经常换洗衣服不但可以使外表整洁，对自己的身体健康也十分有益。

 四、过敏体质者慎用羽绒制品

羽绒制品，无论羽绒被，还是羽绒衣，都因其美观、结实、轻便、保暖而越来越受到人们的青睐。

但是，有些患过敏性疾病，如过敏性鼻炎、哮喘病、喘息性气管炎的人，却不能使用羽绒制品。否则，将引起或加重原有的疾病。

羽绒制品是由家禽的羽毛加工而成。这些羽毛的细小纤维和人体皮肤接触后，可作为一种过敏性抗原，激发人体细胞产生抗原反应，释放出具有生物活性的物质，诸如缓激肽、羟色胺、慢反应素组织胺等。这些物质可使毛细血管扩张，管壁渗透性能增强，水分与血清蛋白大量渗出或大量进入皮内组织。于是，皮肤表面便出现过敏性皮炎、皮疹、瘙痒等。

羽绒制品中的羽毛细小纤维随呼吸进入呼吸道，产生抗原体激发出的活性物质，会使黏膜充血水肿，支气管平滑肌痉挛，支气管管腔变狭窄，腺体增加分泌，从而使人出现眼鼻痒、咽部痒、咳嗽、流鼻涕、胸闷难受、头昏头痛、气喘气紧等症状。所以，有过敏体质的人，请慎用羽绒制品。

五、穿牛仔裤的注意事项

牛仔裤以贴身为特点，能显示出青年人的线条美，体现出青年人的朝气和美感，是男女青年所喜欢的服饰。然而从健康角度来看，牛仔裤不符合衣着卫生，经常穿着能引起一些疾病，甚至能造成不育、不孕等不良后果。

牛仔裤的绝大多数款式都离不了立裆短和包臀的典型式样。由于裤裆过短，裤腰过紧，穿上以后裤腰勒在髂骨前上腰前缘，而这里正是股外侧皮神经从深处穿向浅层的部位，久之就会使神经受到损伤。此外，由于裤管太紧，大腿浅层组织经常受压而导致供血不足，也可造成股外侧皮神经发生缺血性损害，结果就会出现大腿外侧麻木。如果不注意改穿其他式

穿牛仔裤需要注意

样的裤子和及时治疗，那么,大腿外侧皮肤失去知觉和麻木的症状将难以恢复。

那么，为什么穿牛仔裤会引起不孕症呢？对于男人来说，原因在于牛仔裤紧紧地把腹部、臀部裹住，使阴囊睾丸紧贴附于皮肤上。此外，牛仔裤的布料厚实，透气散热性较差，而睾丸产生精子适宜温度应较体温低1.5℃～2℃，这样就可能造成男性不育症。牛仔裤对于女青年来说，也由于紧包和透气散热差，会导致阴部细菌大量繁殖，从而诱发阴道炎、盆腔炎、尿道炎等疾病，而这些是造成女性不孕症的重要因素。

第二章

绿色生活呼唤低碳服装

一、什么是绿色生活

绿色生活

绿色是生命的原色：从人类为了生存栽培植物开始，绿色就代表了生命、健康、活力和对美好未来的追求。哪里有绿色，哪里就有生命。在这里，绿色是一个特定的形象用语，它不仅仅指绿颜色或是有生命的植物，还指一种自然万物和谐共存的生态环境，依据"红色"禁止、"黄色"警告、"绿色"通行的惯例，"绿色"表示合乎科学性、规范性、规律性，能永久保持通行无阻的含义。

绿色生活是一种没有污染、节约资源和能源、对环境友好、健康的生活，是和谐社会的重要内容。绿色生活必须符合下面的三个条件：

第一，消费者的生活环境和所消费的资料对健康是有益或无害的。包括居住环境的空气质量良好，饮用水卫生，食物没有被污染，不食用变质、过了保存期的食品；服装没有使用对人体健康有害的染料和其他材料，所使用的化妆品和生活用品不对人体构成危害；生活空间的电磁污染在国家规定的标准以下，房间不散发对人体健康有害的气体，不使用具有较强放射性的建筑材料；远离毒品，不抽烟，不酗酒等等。

第二，消费者在工作生活中注意节约资源和能源。人们在日常生活、

生产工作以及教育、文化、社交、休闲等方方面面都要消费或使用各种有形和无形的物品，这些物品从根本上来说都是来自于自然界的资源。而自然界的资源特别是不可再生资源并不是取之不尽，用之不竭的，因此在生活中要注意节约。我们在生活中节约资源就等于为保护大自然、保护环境做出了一份贡献。如人类为了生存需要，一天也不能离开食物，为了提高生活质量，对饮食的要求也越来越高，然而，我们正面临着一个重大的问题：世界人口在不断地增加，但地球所能提供的食物资源却越来越少，同时食物生产要使用农药、化肥，这些都会污染土壤、水源和空气，因而节约资源就会减少对环境的污染。不管是消费品的生产，还是人们的衣食住行，都需要消耗一定的能源，而许多能量的生产，特别是火电，不仅需要使用大自然的矿藏资源，而且会对环境造成污染，所以杜绝浪费，节约能源，是保护环境的一项切实行动。

第三，消费者所使用的物品对环境应该是友好的。这里包括两个方面：一是使用的物品所消耗的原材料和能源较少；二是该物品在生产、使用、废弃之后对环境不造成损害，或把损害减少到最小的程度。例如，我们买东西时不使用塑料袋，特别是不使用既轻又薄的一次性塑料袋，而是使用布袋子，这样在减少塑料袋生产的同时，也降低了废弃塑料袋对环境的污染；外出吃饭时，不使用一次性筷子，因为一次性筷子的消费量越大，所砍伐的森林就越多，而森林是环境的守护神，爱护森林就是保护环境，所以说拒绝使用一次性筷子也是对环境的友好表现。

社会进步除了表现在政治、经济、道德等方面外，还有一个很重要的方面就是环境改善，这是促进社会进步的原动力之一。可以设想，如果经济高度发达，人们口袋里有了钱，住上了宽敞舒适的新房，但周围环境却十分脏乱，空气污浊，没有安全的饮用水，那这样的社会就称不上是先进的社会，也就无法为经济发展提供再生产的条件。我国改革开放以来，各领域都发生了翻天覆地的变化，人均GDP也超过了1000美元，一些沿海发达地区甚至更高。在这样的条件下，党中央提出了“奔小康生活、创造和谐社会”的目标。只有倡导绿色生活，才能构建和谐社会，实现小康目标。

要实现小康目标，必须体现以下几个方面：

首先，绿色生活是有利于人们健康的生活。人类健康得不到足够的保障，若吃的是带有超标农药残留物的食物，穿的是透气性极差的衣物，住的是空气中甲醛含量超标的房子……人类健康安全得不到足够的保障，生产力要素之一的劳动力——人，就无法安心地工作和生活，人的创造力将大打折扣，生活就不会和谐。

和谐社会 绿色生活

其次，绿色生活是有利于改善环境的生活。以污染环境、破坏环境为代价的生活是绿色生活方式所要极力避免的。绿色生活要求人们优先选购绿色产品，选用无磷洗衣粉，使用无氟制品，选择绿色包装；用布袋或可降解塑料袋购物；不乱扔废弃物，回收废旧电池，避免旅游污染；使用清洁燃料，减少尾气排放等。

再次，绿色生活是有利于节约的生活。高消耗的生活不是绿色生活。绿色生活要求人们降低消耗、厉行节约；简装房屋；少用或拒绝使用一次性用品；少开车，多坐公交车或多骑自行车；双面用纸，使用再生纸等，节约资源和能源，为后代发展留下资源，逐步实现小康生活目标。

绿色生活体现了公平、文明、进步的要求，符合道德规范，在人与自然高度和谐的空间里，人与人的关系也能达到融洽和谐；人们谦虚礼让，

尊老爱幼；人们遵纪守法，克己奉公；人们管住自己的一张嘴，不食、不猎杀野生动物，保护动物，珍爱生灵，从而在人与自然的和谐中，社会得以可持续发展。

只有绿色生活才会真正造福于人类自己！

 二、选择绿色产品

所谓绿色产品，就是指那些在生产和使用以及用过之后处理的整个过程中，对环境的破坏和影响都比较小的产品。要求产品在生产、使用及处理过程中达到环保规定，对环境无害或危害极小，甚至为零，利于资源再生和回收利用。从技术创新、产品设计、生产到包装的全过程着手，开发节约资源且减少乃至防止污染、破坏环境的绿色产品，已成为时代的需求。

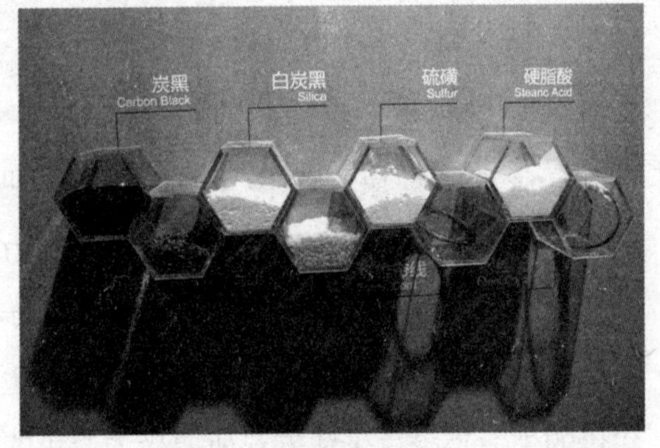

绿色产品

绿色产品与一般产品比较，其特性主要表现为两个方面：该产品的制造、运输、消费及回收处理等过程对环境的负影响极小甚至等于零，消费者在消费该产品的过程中及消费后对自身的健康不会产生负影响，因而也具有保障消费安全的作用。传统产品与绿色产品在消费者的使用过程中，其基本功能或者说基本效用是相等的。所不同的是，绿色产品会带给消费者一些传统产品所不能产生的效用。通过使用绿色产品更能在心理上满足自身和他

人安全的需要，不用担心使用产品会给消费者乃至社会产生不安全的影响；通过使用绿色产品也能使消费者产生自豪感及心理上的满足——承担一定的社会责任，即通过消费绿色产品来保护环境从而得到社会的认可。

绿色产品比仅以满足社会公众的物质与文化生活需要而生产的一般产品更符合保护人类生态环境和社会环境的要求。绿色产品与传统产品的根本区别在于其改善环境和社会生活品质的功能。因而，绿色产品除具有传统产品的优良品质外，还应具备其独特的绿色品质，表现特征有：

(1) 无害环境，即产品从生产到使用乃至废弃都对环境无害或危害很小；

(2) 有效利用资源，绿色产品应尽量减少材料的使用种类和数量，特别是稀有贵重材料及有毒有害材料，在满足基本功能的条件下，尽量简化产品结构，并尽可能地使材料得到最大限度的重复利用；

(3) 有效利用能源，绿色产品在其生命周期全过程中应充分有效地利用能源，尽量减少其消耗。

绿色产品包括可直接改善生态环境的产品及可减少对人类社会和环境的实际或潜在损害的产品。按照“比一般同类产品更加符合保护人类生态环境和社会环境”的要求，根据对产品生命周期各个环节的分析，绿色产品主要包括7种类型。

(1) 回收利用型。如经过翻新的轮胎，回收的玻璃容器，再生纸，可重复使用的运输周转箱（袋），用再生塑料和废橡胶生产的产品，用再生玻璃生产的建筑材料，可重复使用的磁带盒和可再装的磁带盘，以再生石膏制成的建筑材料等。

(2) 低毒低害物质。如低污染油漆和涂料，粉末涂料，锌空气电池，不含农药的室内驱虫剂，不含汞和硝的锂电池，低污染灭火剂等等。

(3) 低排放型。低排放雾化油燃烧炉，低排放燃气焚烧炉，低污染节能型燃气凝汽式锅炉，低排放、少废物印刷机等。

(4) 低噪声型。低噪声割草机，低噪声摩托车，低噪声建筑机械，低噪声混合粉碎机，低噪声的城市汽车。

(5) 节水型。节水型冲洗槽，节水型水流控制器，节水型清洗机等。

(6) 节能型。太阳能产品及机械表，高隔热型窗玻璃，燃气多段锅炉和循环水锅炉，节油节能汽车等。

(7) 可生物降解型。以土壤营养物和调节剂制成的混合肥料，易生物降解的润滑油、润滑脂等。

绿色质量指能够改进或提高产品绿色化程度的产品质量。绿色质量标准有以下内容：

（1）能源效率，即产品应能节省能源的使用，如节能灯与普通白炽灯相比，节约能源约60%。

（2）资源效率，即产品应能减少资源的消耗，如新型洗衣粉将漂白、洗洁两种材料分开盛放，使洗衣者仅在衣物需要漂白时才投放漂白粉，从而节省了漂白材料，减少了对环境的污染。

（3）减少废弃物和污染，即材料的使用达到最大限度，例如汽车发动机装置电喷系统，可促进汽油的充分燃烧，减少废气排放。

（4）产品安全，即产品不应危及人体的健康与安全，如食品含铅量、农药残留量应符合相关标准。

绿色消费推荐品牌标志

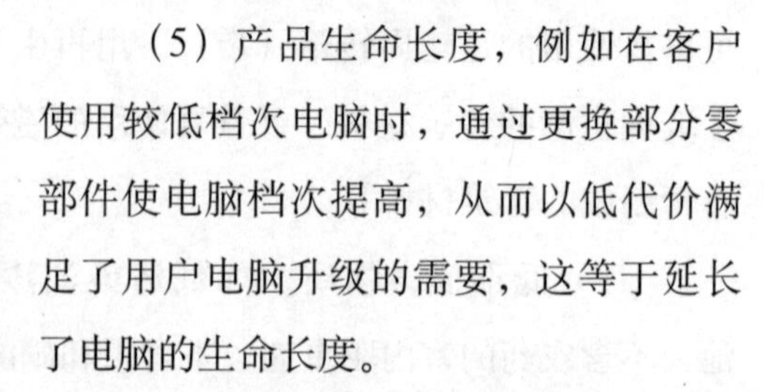

（5）产品生命长度，例如在客户使用较低档次电脑时，通过更换部分零部件使电脑档次提高，从而以低代价满足了用户电脑升级的需要，这等于延长了电脑的生命长度。

（6）重复使用，这也是绿色质量的重要指标之一，如充电电池可重复使用数百次，大大节省了物质材料，因而成为电池市场增长最快的产品。

（7）可再生性，例如纸张具有可再生性，因而成为替代塑料包装的绿色包装材料。

三、实现绿色消费

绿色消费，也称可持续消费，是指一种以适度节制消费、避免或减少对环境的破坏、崇尚自然和保护生态等为特征的新型消费行为和过程。符合“三E”和“三R”，即经济实惠(Economic)，生态效益(Ecological)，平等、人道(Equitable)，减少非必要的消费(Reduce)，重复使用(Reuse)和再生利用(Recycle)。不仅包括购买和使用绿色产品，还包括物资的回收利用，能源的有效使用，对生存环境和物种的保护等消耗物质和能量的过程。绿色消费已经得到国际社会的广泛认同。国际消费者联合会从1997年开始，连续开展了以“可持续发展和绿色消费”为主题的活动，中国国家环境保护总局等6个部门在1999年启动了以开辟绿色通道、培育绿色市场、提倡绿色消费为主要内容的“三绿工程”，中国消费者协会把2001年定为“绿色消费主题年”。日本于2001年4月颁布了《绿色采购法》。类似的活动正在全球兴起，推动着绿色消费进入更多人的生活。

国际上公认的绿色消费有三层含义：一是倡导消费者在消费时选择未被污染或有助于公众健康的绿色产品；二是在消费过程中注重对废弃物的处置；三是引导消费者转变消费观念，崇尚自然、追求健康，在追求生活舒适的同时注重环保、节约资源和能源，实现可持续消费。

20世纪80年代后半期，英国掀起了“绿色消费者运动”，随后席卷

了欧美各国。这个运动主要就是号召消费者选购有益于环境的产品，从而促使生产者也转向制造有益于环境的产品。这是一种靠消费者来带动生产者，靠消费领域影响生产领域的环境保护运动。这一运动主要在发达国家掀起，许多公民表示愿意在同等条件下或价格略贵条件下选择购买有益于环境保护的商品。

在英国1987年出版的《绿色消费者指南》中，将绿色消费具体定义为避免使用下列商品的消费：①危害到消费者和他人健康的商品；②在生产、使用和废弃时，造成大量资源消耗的商品；③因过度包装，而超过商品本身价值或过短的生命周期而造成不必要消费的商品；④使用出自稀有动物或自然资源的商品；⑤含有对动物残酷或不必要的剥夺而生产的商品；⑥对其他国家尤其是发展中国家有不利影响的商品。

归纳起来，绿色消费主要包括三方面的内容：消费无污染的物品；消费过程中不污染环境；自觉抵制那些破坏环境或大量浪费资源的商品等。

随着绿色市场的兴起和发展，绿色商品越来越多地受到消费者的青睐，一种新型的绿色消费观现已逐步形成。绿色消费观更新了人们以往只关心个人利益，尤其是经济利益，很少关心社会生活中的环境利益的传统消费观，将消费利益和保护人类生存环境的利益结合在一起。绿色消费观认为以牺牲环境为代价换取消费利益是不可取的，从而抵制购买和消费那种在生产和消费过程中产生环境污染的商品。当人们购买一切商品都乐于选购绿色产品时，就表明人们的消费观已升华到关心人类生存环境的新阶段。绿色消费观的普及，必将反馈到商品的生产领域，迫使生产部门采用生态技术和净化工艺生产“绿色产品”，只有这样才能在市场竞争中立足，这无疑对于改善人类的生存环境是十分有利的。此外，绿色消费观又是一种现代消费观，只有当社会的生产水平和生活水平发展到相当高的水平时，才可能实现绿色消费。

席卷全球的绿色消费从食物消费开始，逐渐渗透至人类生活消费的诸多方面。由消费领域为起源，反溯至人类的生产活动，由人们的正常生活消费来影响生产消费。

几年前，由中国经济规律研究会消费专业委员会、首都经贸大学、《消费日报》社等单位联合推出的《中国市场消费报告》就明确提出：新的世纪主题是环境保护。“绿色消费”已经渐渐成为中国消费的主旋律。从日常生活的角度看，目前的绿色消费品大体可分为绿色食品和药品、生态服装、生态住宅、生态用品和生态旅游等。这些产品从生产、消费到废弃的全过程都符合环保要求，其中不仅有人们的生存资料，而且涵盖了一些享受资料和发展资料。绿色消费浪潮还波及家居布置、家具、家庭用品、文化娱乐等各个生活领域，甚至绿色管理、生态设计、绿色采购、生态产业链等生产领域。

四、服装——绿色消费新环保潮流

以低碳、环保理念为核心的生活理念已深入人心，在服装设计、生产领域也发生了一系列的变革。

天然织物

在西班牙时装设计中心，以天然织物为面料设计的生态时装，把绿色和蓝色作为基本色调，象征广阔的田野、森林、蓝天和大海，花纹图案则模仿自然景观，如花鸟鱼虫的造型，以展示人与大自然的和谐。“生态时装”不仅可以提醒人们时刻关注周围的生态环境，而且

有助于松弛神经、防止痛痒，使穿着者皮肤健美，心情舒畅。巴黎的时装已逐步退回到20世纪40年代，再次流行用天然织物制成上衣和束腰长裤，方格花布、斜纹粗布、卡其布和其他各种棉布再次受到人们喜爱。

香港的时装界推出了一系列的环保时装，特别是以有色棉花为原料织出的花布成了环保时装的绝佳面料，因为它不需印染加工，大大减少了污染。衣服上的金属配件如拉链、别针等都采用不锈合金制成，不需电镀，以避免产生大量的有害残余物，纽扣则采用“玻璃纽扣”和“耶壳纽扣”。在服装材料方面，另一种以天然材料为原料的服装——丝绸服装自前些年风靡世界之后，经久不衰，越来越多的人认识到以丝绸为原材料的服装不仅穿着美观舒适,还有益于健康。

阿根廷的科研人员研究用植物鞣革法生产皮鞋，加上采用天然色素和黏合剂，便可生产没有污染的绿色皮鞋。在目前的皮革和制鞋技术中，除了使用铬以外，还有其他污染环境的成分，如甲醛、乙酰胺、含苯胺色素、黏合剂、尼龙线和含镍金属饰物等，新的生产过程完全采用天然材料，以植物鞣革法生产鞋底和鞋面皮革，全部用棉线缝制，水制黏合剂黏合和天然色素上色等。植物鞣革法使用的物质是从坚木和含羞草中提取出来的，这些物质是可以再生的，对它们合理砍伐，不会毁坏森林。

“牛奶内衣裤”和水肤纤维。内衣是对材料要求最苛刻的服装。一种能和肌肤亲若一体的材料就是牛奶。许多女孩子都会对“牛奶洗澡”这句话津津乐道，并且私下猜测这就是伊丽莎白•泰勒和奥黛丽•赫本等大明星永驻青春的奥秘，中国也有杨贵妃以及宋美龄用牛奶淋浴与护肤养颜的传说。用牛奶洗澡对普通人而言未免太过奢侈，不过用牛奶制成内衣裤，让女孩子们天天和牛奶零距离接触是可以轻松实现的。牛奶内衣裤使用（新西兰）牛奶，经过压缩，脱去水分，分解掉脂肪，将剩下的牛奶蛋白通过特殊工艺制成牛奶纤维，再纺织制成各式贴身衣物。由于是用百分之百牛奶纤维制成，含有丰富的蛋白质，因此穿着时轻盈柔软，透气性强，非常舒适，又便于洗涤，一晾即干，比一般内衣更耐用，而且破损丢弃后数天即可被虫蛀蚀消化，生产和使用过程都符合环保要求。这种牛奶服装自1994年起在日本和东南亚市场上广为流行，近期又经香港进入广州、上海等市场，成为俊男靓女们又一新的消费时尚。而水肤纤维的特点是在穿着5小时后，直接和水肤纤维接触的皮肤就会变得细白柔嫩、光滑并有弹性。因此，水肤纤维在日本被认为是经济的可穿的化妆品。水肤纤维的这种肌肤保湿纤维实际上是利用内衣接触人体的机会，在经过特殊处理的高弹棉布布料中，添加了护肤品——长效角鲨烷（常见的深海鱼油里富含这种物质）。角鲨烷是使肌肤柔嫩的关键，用它制成具有保湿、供养、活化细胞作用的水肤纤维，不但具有不可思议的柔细触感，而且穿着水肤纤维3～5小时后，皮肤就会因角鲨烷的亲和性与渗透性，使肌肤由于压倒渗出的汁水和油脂得到及时吸收并减少分泌量，从而使皮肤变得滑嫩而且更具有弹性。

绿色概念时装艺术。除了种种环保健康的面料外，近几年世界上还兴起了各种变废为宝的“垃圾时装”热，1994年在日本大阪举行的时装节开幕式上，一种以塑料瓶材料制成的聚酯纤维服装登台亮相。这套由日本资深设计师古川设计的名为“热爱地球”的时装，得到了广泛的好评，数十家跨国时装公司愿与古川联合开发并制作销售，以迎合消费者的环保体验需求。我国上海的东京化工设备公司也在去年开始将废弃的可乐、雪碧塑料瓶收集起来，经过特殊加工后生产出毛花呢、毛巾绒线和无纺布等产品。1999年6月5日在上海外滩举行的“世界环境日”活动中，众多模特还身穿旧报纸等废品制作加工的服装登台亮相。

在关爱自然、关爱自己的世风下，流行、时髦也开始与环保同步。多个时装发布会上的服装在面料和色彩上都突出环保概念，使环保服装与生

活紧密接触。时装店里的衣架上最多的颜色变成了米、棕、褐与黑、白、灰等天然色；设计师将很大一部分精力转到了粗布衣和宽松衫等休闲风格上；主流面料变成了尽管成型性不是很好却贴身的棉、麻、丝。时下的欧洲服装业认为“摩登加环保等于销售额”，这意味着环保概念服装也许将成为今后相当长一段时间的时尚热点。

美国犹他州的奥斯汀服装·史密茨踏着滑雪单板从山顶上俯冲下来后对媒体说：“朋友说我姿势糟糕，但是衣服很酷。”他在博客中写道，他身上的滑雪服原料是回收的废可乐瓶。这种面料有个时髦的名字“ECOCIRCLE”，由回收的可乐瓶、旧衣物的纤维、天然麻、无毒染料等制作而成。虽然比市面产品贵了一些，环保爱好者奥斯汀还是欣然接受。

ECOCIRCLE是一种新型环保面料的名称。通俗点说，它就是可持续面料。ECOCIRCLE可以像普通织物一样被裁剪成时尚服装，然而它的“前生”，却有可能是旧衣服、废报纸，甚至可乐瓶。当这种衣服脏了旧了时，穿着者可以把它送回指定回收地点，再次粉碎，制成衣物，如此无限循环往复，一件衣服在轮回中实现永生。其实，这种利用废品、纤维再造制衣的技术在欧美国家已存在多年。一些品牌都已经开始在门店的显著位置摆放回收产品制成的衣物，人们也越来越接受低碳服装的概念。

作为率先响应低碳服装消费的品牌之一，李宁可谓是低碳减排的“环保英雄”。最近，它与日本著名的纤维制造商帝人株式会社合作，使用环保的ECOCIRCLE面料推出了全系的环保服装系列，引起了人们对“衣年轮”与“低碳服装”的关注。“我身上的衣服就是来自于回收材料，它来自各个国家。”日本帝人纤维株式会社社长亀井范雄介绍说。

ECOCIRCLE是日本2002年研制出的一种面料，将回收的聚酯类衣物经过粉碎、化学反应、聚合等工序制成再生的涤纶纤维面料，美国老牌户外用品巴塔哥尼亚就使用这种材料。李宁首次把这个概念带入了中国，开始了新一轮与国际的接轨。

也许你不会理解：买件衣服也会增加碳排放，这句话乍听起来会让人感觉有点不可思议，可这就是现实。一般人都不太理解，现在很多服装都采用天然面料，已经够环保了，这衣服中的碳排放又从何而来？

实际上，任何一件衣服，从它还是庄稼地里的棉花、亚麻开始，就会消耗无数资源。它要经过漂白、染色等工艺才能变成纱线、面料，经历成衣制作、物流和使用后，最终被焚烧、降解，每个生产加工环节都有碳排放发生。就更不用说那些在加工生产中会产生严重污染的皮革业和其他服饰类产品了。全球的纺织纤维产量中有接近一半都产自中国，我们的服装生产企业在迎接新机遇之前，先得挑起这个重担——服装消费的碳排放问题。因为全球都在关注环保，大家都不重视，就很难让我们的世界走进低碳。

从前几年中美两国领导人将环境问题作为两国会谈的重要议题不难看出，环保在各个领域势在必行。别小瞧了衣服的碳排放量，以最常见的纯棉和化纤面料的服装计算，我们的衣柜一年因新添服装而排放的二氧化碳至少就有1000kg。不信？那我们来算算看。按照每季只买两件T恤、两件衬衫、两件外套计算，不经任何染色印花处理，纯棉服装的碳排放量总计约为224kg，化纤服装的碳排放量约为1504kg，一旦你选择了有颜色和图案的服装，再加上皮革、羊毛等服装，你衣柜里每年新添服装的碳排放量远不止1000kg。

与日本帝人株式会社合作后，李宁将旧服装回收上来，送进工厂，化学分解后，这些服装将变成新的ECOCIRCLE面料。用此类面料制作的成衣会在标签上标出每个碳排放标记，标记越多，代表它再生的次数越多。据龟井范雄介绍，这一过程将使生态圈系统的能源消耗和二氧化碳排放量

各降低大约80%。

在全球穿“旧”的风潮下，首个纺织服装全球回收标准也于近日出台，一个名为管理联盟证明机构的组织将产品的回收标准分为铜、银及金标准三级。金标准要求产品包含95%～100%的回收材料，银标准产品包含70%～95%的回收材料，而铜标准则包含不低于30%的回收材料。经过这一标准认证的衣服将挂上金、银、铜的标志，让消费者一目了然。

 五、选择低碳，从“衣”开始

低碳经济理念的深入人心和日益增长的服装消费现状，让我们不得不扪心自问，一件服装怎样才算低碳？为了一件产品自始至终的低碳化，产业链该如何联合起来实现“绿化”？市场需求是产业行动的动力，位处产业链后端的服装企业该怎样倡导低碳化消费？作为产业链条中的你，又发现了哪些低碳商机？

随着低碳经济理念逐步深入人心，绿色环保的消费主张在一批“先锋”消费者中风起云涌。而服装业界一些“先锋”企业也不甘落后，高举绿色旗帜与消费者一起摇旗呐喊。一件服装怎样才算绿色？除了生产过程中的技术改进，服装企业该怎样倡导一种低碳生活？在这场行将席卷全产业链的“绿色浪潮”中，隐藏着何种商机？

1.从一份调研报告说起

60%的人至少每一季都会购买新衣服，12%的人一件衣服买回来只穿几次就不穿了。一件旧衣的命运无非两种，一是通过各种方式延长使用寿

命，二是“葬身”垃圾填埋场。绝大多数衣服走的都是一条“不归路”。

随着国人消费能力的提高、国外快速时尚理念“西风东渐”，国人的穿衣取向变得不仅敢穿，而且爱穿，恨不得一周七天，一天一套新衣轮着穿。

低碳服装

近期，一份最新出炉的公众着装习惯城市调研报告也印证了人们越来越快的购衣速度，衣服的使用周期越来越短，在穿衣购衣习惯上，人们似乎变得越来越“喜新厌旧”。

珍古道尔(北京)环境文化交流中心“根与芽”北京办公室项目负责人介绍说，“根与芽”志愿者经过专门培训后，在北京、成都、大连、兰州四个城市分发问卷。他们在学校、车站等人口密集的地方，针对不同的人群现场分发问卷，从每个城市收回了600份有效问卷，再与网上的调查数据相结合，调查结果显示，35%的调查对象会在换季时购买衣服，25%的人会每月甚至每隔两周买一次衣服，这意味着60%的人至少每一季都会购买新衣服，而购衣频繁的人群大多以年轻的女性消费者为主，只有不到15%的人一年才购置一次新衣服；对于衣服的使用周期，只有35%的调查对象表示一件衣服要穿2年以上，28%的人会穿1～2年，25%的人会穿3个月至1年，还有12%的人一件衣服买回来只穿几次就不穿了。

2.假如“衣”有来生

不论是乐活族还是低碳族，都倡导消费天然纤维的衣服。而化纤产品，可以通过回收再利用创造“来生”，比如帝人集团的ECOCIRCLE技

术。尽管衣服循环再利用在经济效益上并不占优势，但从长远来看，环保再生服装终将成为发展大势。

如果一件衣服在消费者手中度过了“一生”、而回收再利用为它创造了“来生”，那么，所有衣服的“前世”都是面料，面料的特性决定着旧衣服是否能被回收循环利用。

天然纤维面料制成的衣服可以回收，但回收成本可能比再生产一件还要高，而且品质也很难达到原有水平，所以目前一般棉、麻制成的服装二次利用完就进了垃圾填埋场；而像羊毛这类比较贵重的天然纤维，国内一些羊毛制衣企业会在其专卖店设点回收，二次利用。

不过，天然纤维一般可以自然降解，与化学纤维相比，对环境的危害要小些。因此，不论是乐活族还是低碳族都乐于炫耀自己购买的是天然纤维的服装。

但是化纤产品可以通过旧衣回收利用的方式让其拥有“来生”，而在化纤行业里发展最快、普及最广的就是聚酯纤维。

江苏霞客环保色纺股份有限公司就是领跑者之一，一直非常重视生产过程中的环保和环保面料的开发。据该公司常务副总经理冯淑君介绍，公司在废弃聚酯的处理上有非常成熟的技术，能够对PET瓶、涤纶纤维成品废料进行加工，再利用“原液染色技术”最终制成环保彩纤，既节约了资源，也减少了印染过程中的水污染。

再比如日本帝人纤维株式会社的ECOCIRCLE技术，可将由聚酯纤维制成的旧衣回收，重新加工成聚酯纤维，从而实现“纤维到纤维”的循环。这与用石油直接加工成聚酯纤维相比，不仅节约了石油资源，而且能减少80%的碳排放量。

据了解，帝人与服装生产商的合作方式主要有两种：一种是服装生产企业的员工制服运用ECOCIRCLE技术，制服使用完以后，企业自行回收后返给帝人，由帝人加工处理，再生出制服，形成闭合循环系统；二是对一般消费者而言，如果购买了印有ECOCIRCLE商标的衣物，使用后可将其返回给购买点，再由帝人集中再生。

美国知名户外品牌Patagonia从2005年开始就与帝人合作，推广服装的回收再利用计划。Patagonia曾承诺：当消费者穿破一件该公司的服装，只要将其邮寄或直接送到该公司的服务点，就可以被回收制造成新的服装。2007年，Patagonia公司使用了50%以上的回收再生原料，并正在努力使其产品实现完全的可回收利用，从而使Patagonia每年销售的100多万件衣服永远存在和被使用。

而在不久前，李宁也推出了运用这一技术的女子健身和网球系列运动服，在业界被传为佳话。

虽然李宁在衣服的回收再利用上刚刚起步，但已经制定了明确的回收再生计划。据李宁品牌服装系列女子健身与运动生活产品经理林颂恩介绍，李宁已于2010年在全国挑选50家店面实施回收再生计划，2011年扩大到了100家。而回收的方式主要是在李宁专卖店设置专柜，由消费者自发将废旧衣物直接送到专卖店或通过邮寄的方式送到，并配备专人将这些旧衣服汇总，运往帝人位于江苏南通的工厂再利用。

不过，运用ECOCIRCLE技术实现聚酯产品的再生利用，与采用石油生产相比，生产的化纤面料在质量上虽然毫不逊色，但在生产成本上却并不占优势。再加上建设回收渠道的成本，李宁的ECOCIRCLE产品在市场竞争上并不处于优势地位。但李宁方面人士说，随着消费者环保意识的提高，会有越来越多的服装企业加入到衣服回收利用的“大循环”中，环保再生服装将是一个大的发展趋势。

3.不能承受的碳之重

哥本哈根气候大会之后，低碳生活的理念深入人心，“绿色生活方式”将是未来城市发展以及人居生活必须考量的内容。尽管大部分人都把注意力集中在产业碳排放上，我们依旧应当关注每个人的日常生活所带来的碳排放。

尽管哥本哈根气候大会的结果尚未明朗，但至少它让“碳观念”形成了“气候”。于是很多人开始关心，130位国家和国际组织领导人出席的这次会议带来了多少“碳排放”？比如大会上使用的、面积足以覆盖近5个足球场的高档地毯，它们去哪了？是否会被作为垃圾而遭到弃用，造成浪费与污染？答案是否定的。这些地毯将被送到位于比利时的回收工厂，并利用一个全新的回收系统，变为原料用来生产第二代产品。

据悉，这些超低碳排放的地毯是由Ingeo™纤维制成的，这一纤维是NatureWorks公司采用100%可再生天然植物制造成的。会议结束后，地毯制造商SommerNeedlepunch将其交给乳酸生产商Galactic公司，使用其全新的LOOPLA工艺，将其回收处理变为可再用乳酸。

在这样一个链条里，低碳环保得以实现。

当然，如果仅把碳排放的注意力放在生产环节上，还是远远不够的。

根据美国地质调查局以及世界钢铁协会的测算，美国居民生活碳排放已经占到总量的40%；而在中国，这一比例目前仅为20%左右。显然，这与目前美国高度发达的第三产业以及富裕的生活水平有关。但可以预期的是，随着中国产业结构的转型、居民收入的提高，以及快速的城市化，中国城市居民生活将会带来更大比例的温室气体排放量。

所以，除了产业碳排放，我们仍应当关注每个人的生活所带来的碳排放。

近来，在网上逐渐流行起了碳排放计算器，这从侧面证明了公众对低碳生活所持的积极性。根据衣、食、住、行、用5个方面的21个基本参数计算一个人或者一个家庭一年的碳排放值，它的本质是用量化的方式追用使用者的碳足迹。打开这个碳排放计算器，几乎每个人都会诧异：一件衣服的碳排放是5.7公斤，它与7.22度电的碳排放量相当，而消费5件衣服将超过乘坐飞机出行100公里的碳排放量。当然，这里实际包括了两类碳足迹：第一碳足迹，即生产生活中直接使用化学、石油能源，比如开车、发电等产生的碳排放量；第二碳足迹，指消费者使用各类商品时因制造、运输等过程而产生的隐藏在商品中的碳排放量，这也就是为何低碳消费主张消费本国产品的原因。

了解了碳足迹后，也许人们会问，买一条涤纶运动裤和买一条真丝裙子所产生的碳足迹是否会一样？一件耐克T恤和一件李宁T恤的碳足迹又有多大差别？如此精细的问题可能无法通过任何一款碳足迹计算器来计算，但在未来，也许可以轻而易举地获得答案——因为那就印在吊牌上。

最近，ZUOAN左岸服饰正在尝试推出一个GreenLabel系列，就是环保系列服装。同时，在这一系列服装中，将具体测算出每一件服装的“碳排放量”。其设计总监洪金山表示：“我们倡导青年消费者们购买服装时，也为自己的碳排放自掏腰包埋单。我相信这种环保方式也是最时尚的生活方式。”

然而，一件衣服的碳消耗信息是来之不易的，而在消费者使用过程中的碳排放量更是令人大吃一惊。洪金山介绍说，以一件纯棉T恤为例，从棉花种植过程，到成衣的制作环节，再到销售终端，以及被消费者买回家后经过多次洗涤、烘干、熨烫(以25次计)，整个过程将会排放7kg左右的二氧化碳，也就是说终其一生，一件仅有200g左右的纯棉T恤，将排放出接近其自身重量的30倍左右的二氧化碳。而化纤面料的衣服，碳排放量会更高，比如一件100%涤纶裤子，假定其使用寿命为两年，包括生产和消费环节，整个碳排放量约47kg，相当于其自身重量的117倍。

这样看来，人们不该诧异于碳排放计算器算出的一件衣服的碳排放量，它仅仅是到达消费者手中时的排放量，而消费过程中的碳排放更加超乎人们想象。

“当然，这些数值只是我们做的一个初步估算。更为具体的数据，我们会在相关权威机构的帮助下，从我们的面料采购，到生产工艺的整个流程，一直到最后的消费终端，进行较为准确的测算。这个工作需要较长的时间，所以我们这个带碳排放标签的环保系列服装也会逐步地推出。”

正如我国台湾地区的减碳达人、“低碳生活部落格”创立人张杨乾所言：“当商品在贩卖时，除了要标明生产时的碳足迹标签外，最好能一并标示商品在生命周期内所可能消耗的能源及碳排放总量。如此一来，消费者才不会被商品价格所迷惑，而愿意选择价格较高的节能商品。”他有过一个记忆深刻的教训，有一次他趁特价买了两条西装裤，裤子穿脏后一直按照洗涤标识送到洗衣店干洗，直到后来老板跟他提起，干洗其实是用石油在洗衣服。由于洗涤方式不同，干洗两条西装裤中所排放的碳足迹，也许将会是可水洗裤子的数百倍，而一年的干洗费也足够再买两条同款的裤子了。

六、环保服装方兴未艾

传统普通服装大多由化学合成纤维等材料制成，与之相比环保服装在选料方面有了很大改进，特别是在服装加工制作过程中，严格控制了含有害物质的中间体、助剂和涂料的使用，在很大程度上改变了一些传统普通服装就是“毒衣服”的坏印象。

废塑料瓶制成的毛衣

健康与生活、自然与环保、流行与时髦紧密联系在一起，如今已成为环保服装发展的新亮点。近年来用垃圾制成的环保时装热在国际上蓬勃兴起，利用废塑料制成的环保服装和日用品纷纷登台亮相，以废塑料瓶为原料织成的毛绒线，与天然羊毛线一样松软，用这种毛绒线织成的毛衣不会起令人讨厌的小疙瘩，结实抗磨、易洗易干、不用熨烫；以废塑料瓶为原料制成的工作服，挺括舒适、透气性好；以废塑料瓶为原料制成的晴雨两用衣，既绝缘又能防雨。制成一件漂亮的毛线衣只需27只废塑料瓶，制成一件时尚的夹克衫有20只废塑料瓶就够了。由于环保服装价廉物美，不仅吸引了老百姓欣喜的目光，也引起了跨国时装公司联合开发、制作和销售环保服装的兴趣。

传统普通服装为满足防皱、增白、平滑、挺括和美观的效果，往往在加工制作过程中添加了甲醛树脂、卤化染色载体、防皱剂、柔软剂、荧光增白剂、特

殊气味剂和阻燃剂等多种化学添加剂和助剂，这些有害物质会残留在服装上面。长期穿着此类服装会给健康带来不良影响，甚至诱发疾病。甲醛是一种毒性很强的化学物质，按我国甲醛残留含量控制标准规定，每千克外衣不得超过300毫克，每千克内衣不得超过75毫克，每千克童装不得超过20毫克。

由于消费结构、经济条件和特殊需求的制约，化纤类等传统普通服装在一段时期内尚不会完全退出消费领域。许多从事重体力劳动、消费能力有限的人群，对结实耐用、价格便宜的化纤类服装还有很大的需求。在日常一定不要贴身穿着这类衣服，属过敏体质、有过敏史的人群，特别是少年儿童一定要慎穿此类服装。“原生态”是一个很时尚的字眼，反映了人类回归自然的追求与渴望。因此生态型时装已成为当代时装发展的新潮流。

生态型服装选用棉、麻、毛、丝绸等天然织物制成，在加工制作过程中摒弃了甲醛树脂等130余种含有害化学物质的添加剂，取而代之的是天然色素等天然制剂。此类服装对健康无害，在自然环境条件下两年内即可被分解，不会给生态环境增加新的负担。此外，改进后的聚酯纤维衣料具备了光、生物双降解性能，采用这种衣料制成的服装比纯棉料服装回归自然的速度还要快，在自然环境条件下一年左右即可分解为二氧化碳和水。

看一看衣物的碳排放

1.生产衣物的碳排放

衣物生产过程中的碳排放包括从原料到成衣的整个生产周期，计算了从纱线、布料到成衣的生产过程以及每个工厂的能源消耗量。生产一件衣服平均排放约6.1kg二氧化碳。

2.衣物洗涤过程的碳排放

洗衣机清洗衣物不仅耗水，而且费电。洗衣机每标准洗衣周期要比手洗多耗水一半多，由此增加排放0.04kg二氧化碳。而以全自动涡轮洗衣机洗一次衣服需要45分钟估算，每洗一次衣服大约排放0.2~0.3kg二氧化碳。以工作功率约1200瓦的干衣机干洗5kg衣物一般耗时40分钟估算，干洗一次衣物大约会排放0.8kg二氧化碳，远远高于洗衣机的碳排放量。

洗衣机清洗衣物不仅耗水，而且费电

衣物洗涤过程的碳排放还包括洗衣粉的使用，其碳排放不仅与洗衣粉的含碳成分有关，而且还体现在生产洗衣粉产生的能耗上。生产1kg洗衣粉大约排放0.7kg二氧化碳。

3.烘干衣物的碳排放

某些材质的衣物不仅要用烘干机烘干，而且还需要熨烫。烘干一件衣服要比自然晾干多排放2.3kg二氧化碳。以使用功率为800瓦的电熨斗熨一次衣服需要30分钟估算，每熨一次衣服大约会排放0.4kg二氧化碳。

4.不同材质衣物的碳排放

衣物的材质不同，在生产、烘干等阶段排放的二氧化碳都不尽相同。

化学合成纤维的衣服在制造过程中要比天然纤维材质的衣服消耗更多的能源，排放到大气中更多的二氧化碳。相比较而言，生产原棉纤维只消耗10%的能源，制造纯棉材质的T恤消耗12%的能源，制造聚酯材质的T恤消耗略高的能源。而在烘干阶段，棉质衣物要比聚酯衣物烘干时间长，多消耗能源；普通纯材质的衣物要比混合材质的衣物消耗更多的能源。

 七、关心自己的“衣年轮”

环保设计师凯瑟琳•哈姆内特在一份宣言中宣称：“制衣制鞋这些行业组成了世界最大的工业体系之一，对如今地球面临的环境问题负有很大的责任，因为在漂白、染色等工艺的过程中，无数污染被带了出来。”

实际上，对于人人都需要穿着的衣服来说，环保问题并不仅仅出现在漂白和染色的工艺上。且不说利用石油产品衍生出来的各种化学纤维，即使一直被归在天然纤维行列内的棉花，也并不简单。要种植用来生产一件纯棉T恤衫所需的棉花，至少也会释放大约100克的化肥和农药到水、空气和土壤中。

在社会上流通，被买回家，穿在身上，这时候被使用的衣服正处在生命周期的成年期。在衣服迈入成年的行列之前，有意识的设计先把环保的理念投射到自己设计的衣服上。无形的设计理念决定了将投入生产的衣服所造成的大部分的碳排放。从这个角度来看设计师，他们颇似正在对服装做早期教育的家长。

我们通过着装表达的是生活态度。独立设计品牌“nothing.cn”的设计师董攀和他的顾客们，遵循的则是“简单生活”的态度。他们希望生活能尽量轻松一些，在穿着上不仅仅减轻身体的负担，也减轻对自然环境造成的压力。因此，董攀力图通过设计来传递一种健康环保的生活方式，所推出的产品从T恤、带帽卫衣、收纳袋、帆布包、方巾、围巾、靠垫套到涂鸦本，在原料选择上力求环保，在生产工艺上则坚持手工以降低能耗。他做出来的包包，用的面料多是未经染色的粗胚棉布，本白颜色，顶多还有黑、灰两色。他觉得“设计师总要放弃些什么的。在放弃了对看似花哨图案的追求之后，得到的是简单的表达，这恰恰实践了设计理念，也体现了少即是多的环保精神”。

事实上，比董攀更苛求环保的设计师也大有人在。美国设计师艾丽•贝兰甚至根本不去采购布料，她设计的衣服用的是二手商店和旧货店回收的服装为原材料。最初，贝兰想过采用有机棉，但是她立刻想到可以做得更多，比如，何不把用过的东西再次利用呢？而英国设计师米娅•尼斯拜特甚至比她更进一步。为了减少欧洲的过季成衣在销往非洲的运输过程中的温室气体排放，她尝试在东非的马拉维创办公司，从街道市场购买被丢弃的服装，雇佣当地的裁缝师来制作她所设计的产品。当设计师们在为环境努力时，另一些拥有技术实力的公司则已经开始制作“超循环的”设计产品。他们利用原本将被当作垃圾填埋的废弃服装生产的“可持续时装”甚至在2008年的冬季主导了纽约T形台和美国各地的服装精品店。尽管如此，设计师在环保时装设计上的努力仍未能给他们带来经济上的足够回报。比如，董攀所坚持的随性设计、优质棉布和全部手工制作，目前仅给他带回了刚够维持新产品开发和生产的销售业绩。

穿在身上的服装，不仅关系到人类的健康，也影响到地球的安危。关心你自己的“衣年轮”。让自己的衣服变成“低碳衣”，是你拯救地球的一个机会。不管是出于万米地下，还是长自田间山头，衣服的原材料往往会影响到穿者的健康水平与地球的安全状况。

以皮革为例，在由动物皮加工的过程中，使用了包括甲醛、煤焦油、染料和氰化物在内的有毒物质。为了增加柔软和耐水性，皮革要经过鞣

制，多数皮革使用硫酸铬等铬盐鞣制，产生含铬的废料。除此之外，皮革的生产过程中会消耗大量的水和能源，经过鞣制后不能再被生物降解，对环境也有极大危害。

纯粹，绝不等同于环保。近年来大受追捧的纯棉，就远没有这个词本身看来的那样清洁舒适。在棉花种植、造布、制衣、运输、使用的各个阶段，都有大量的能源需求和碳排放。纯棉，距离真正的低碳衣的要求还相去甚远。

在现有的低碳衣概念中，循环再生仍是关键。但在传统的再生产品中，一直存在品质劣化问题，再生品意味着品质的下降，最后只能变成垃圾焚烧或填埋。

衣服有自己的生命线。每件衣服都有自己的从原材料生成开始，到对其进行废弃处置为止的全生命周期。低碳衣只是所有环节中环保的基础。在制造、运输、使用及处置的整个过程中，都会有能量的消耗，并产生碳的排放。实际上，已经有人开始把服装的碳排放指数组成“衣年轮”，来判断个人对服装的使用是否有益于环保和低碳。就像从树的年轮可以看出它的年龄和状况一样，衣服也有自己的年轮，用来稳定每件衣服的使用年限、生命周期内的碳排放总量以及年均碳排放量。

每件衣服的材质、每个人的使用方式和回收与否，都会影响到衣年轮的变化，也会影响到碳排放的量。

英国环境资源管理公司计算过一件约400克的100%涤纶裤子在其“一生”中消耗的能量。该裤子在中国台湾生产原料，在印度尼西亚制作，运到英国销售。假定其使用寿命为两年，经历了92次洗涤，用50℃温水的洗衣机洗涤，烘干机烘干后，平均花2分钟熨烫。这样算来，就会排放出约47千克的CO_2，相当于裤子本身重量的117倍。

而如果每人每年少买一件衣服，按腈纶衣服的能耗标准，每吨衣服产生5吨标准煤计算，则少买一件0.5千克的衣服能够减少5.7千克CO_2。可见，少买新衣、多穿旧衣、少用洗衣机这样的低碳着装行为也非常重要。

以自然界的草木藤蔓、动物皮毛来遮羞取暖的时代早已结束。现代人类的服装选择更多的是基于审美的需要。风尚的瞬息万变，加快了衣服更新换代的速度，造成了更多的闲置。衣橱中沉睡的衣服，意味着更多的服装消耗，和更多的碳排放，从而带来更多的环境问题。其实，不光衣有年轮，时尚也有轮回。“过时”不过是不正确认识带来的产物。若是“有生命力”的衣服，旧衣也可变成穿在身上的复古，或是重新演绎的新时尚。

八、低碳环保生态与未来服装的样子

1.可当饭吃的衣服

日本研制的这种衣服，面料由偏碱蛋白质、氨基酸和果酱，以及铁、镁和钙等多种微量元素混合制成。在人们遭遇紧急变故，内无粮草外无救兵的情况下，它可是一份难得的救命“大餐”。这种衣服特别适用于远洋、登山、野外探险、勘探等有特殊需要的人群穿用。

2.能测人体热量消耗的衣服

美国研制的这种衣服附有非常敏感的细微动作传感器，与监控飞行员动作的衣服差不多。

进行卡路里（热量）测量通常采用耗氧量测量法进行，如今借助这种衣服即可实现对热量消耗的精确化测量。由于存在着个体差异，

人们在进行同一项活动时所消耗的卡路里会有所差异，卡路里消耗量的精确化计量，对于个体对自身卡路里的控制和减肥研究，都有极大的帮助。

无意识地用手指敲击桌面或踱来踱去思考问题时，您会因为这些小动作而消耗热量350千卡。如果您的体重为68kg，采用坐姿阅读本书10分钟会消耗热量约15千卡；在相同的时间内，您躺着阅读本书所消耗的热量会低一些。您如果下一个小时看电视将消耗68千卡热量，如果在睡觉前还要冲个澡将消耗136千卡热量。

3.能治病的智能衣服

西班牙研制的这种衣服，将智能织物面料、电子系统与计算机程序融为一体，用来防治心血管疾病。这种服装由分别负责心脏活动、心脏睡眠、心脏松弛、心脏平衡的五个部分组成，分工负责消除一种诱发心血管疾病的危险因素，通过早期诊断来防止发病。这种衣服能刺激长期保持坐姿者的心脏运动、改善睡眠质量、抵抗焦虑状态、防止肥胖和维护心脏功能，可促进健康和预防心血管疾病。

英国用织入磁性纤维的面料制成衣服。这种衣服可治疗风湿和高血压等病症。在我国，磁棉衣、背心、帽子和袜子等已广泛流行。

4.能杀菌的衣服

美国研制的这种衣服的面料看似是平常的棉布，但经特殊理化处理会产生一种类似自然色的绿色，并带有正电荷静电。当这种带正电荷的布料与带负电荷的细菌接触时，所产生干扰磁场会改变细菌遗传基因的排列组合，使其无法分裂繁殖。皮肤与这种衣服贴身接触10小时以上，广谱除菌率为99.9%、臭味去除率为90%以及很高的干爽率。即使经过30次洗涤其除菌率仍可达99.2%。

这种面料打破了以打针、吃药和涂抹药物等常规灭菌理念，以抗、抑菌的方式达到灭菌的目的，被称为“绿色纤维布”。

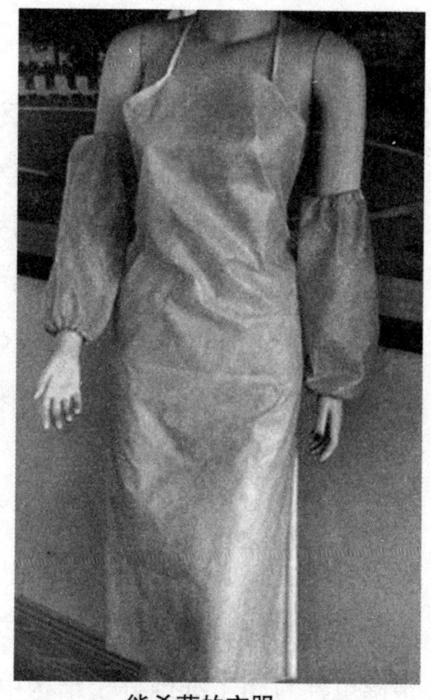
能杀菌的衣服

5.能驱逐蚊蝇的衣服

美国研制的这种衣服，面料表面覆有特殊的驱虫薄膜。蚊、蝇与这种面料接触无异于自杀，15秒内即可死亡。

6.能吸味的衣服

英国研制的这种衣服用一种特殊的吸味面料制成。这种布料经过特殊化学处理后，送进含有二氧化碳的炉中加热至600～800摄氏度，使其生成具有吸收气味功能的活性分子。这种衣服特别适合医疗、化工和防化人群穿用。

7.无需缝制的衣服

法国研制的这种衣服不用传统意义上的线来缝制，而是利用热成型与超声波黏着制成。在顾客来订制衣服时，裁缝只要用摄影机扫描顾客的身材尺寸，并将顾客选定的服装款式一并输入电脑，自动制作系统即可完成服装制作的全过程。

8.既耐寒又不怕热的衣服

德国研制的这种衣服用热反应纤维织物制成。这种热反应纤维织物含有无数极微小液滴，对温度非常敏感，可随体温的变化而做出相应的改变。在隆冬季节，含在纤维织物中的液滴会形成气泡使衣服膨胀，此时纤维织物的孔眼被锁闭；在酷暑季节，纤维织物中的气泡回复到液滴状态，此时纤维织物的孔眼重新张开又恢复到原来的稀疏状态。这种衣服真可谓四季皆宜，秋冬季穿着既蓬松又保暖，春夏季穿着则凉爽宜人，真可谓既省钱又实用。

9.只穿不用洗的衣服

俄罗斯研制的这种衣服用一种特殊的纤维织物面料制成。纤维织物经清除电性封闭了纤维分子结构中的活性基因，表面非常光滑不会吸附灰尘和脏物，即使粘上尘土也能一抖即落，令灰尘、污垢无隙可乘，穿着这种衣服可一尘不染，对于不爱洗衣服的朋友来说，可是再幸福不过的事儿了。

10.可随意改变尺寸的衣服

荷兰研制的这种衣服在面料中织入了形状记忆合金，能根据不同身材改变衣服的尺寸。一旦记住了身材尺寸会让您永远穿着合身。

11.会长的衣服

法国研制的这种衣服能随孩子一起成长。这种衣服的衣领、袖子、裤管、背带和腰带，可自由装卸和调节。随着孩子身高、体宽与日俱增，可通过调解衣服的各部分配件，使之延伸、放大到合体的程度。这种衣服一般可穿用3～5年，面料耐用、耐脏、易洗易干。

12.会变色的衣服

美国研制的这种衣服，面料经过特殊变色颜料的浸染可吸收自然光波，并呈现出与所处环境相同的颜色。穿着这种衣服可与大自然融为一体，从而得到有效的保护和帮助。

13.可当充电器的衣服

美国研制出太阳能比基尼泳装和短裤。比基尼泳装上分布有40块可变形的光电电池，可用来给小型“随身听”充电，充一次电2小时即可完成；短裤上装有面积较大的太阳能接收面板，这些接收面板所释放的电足以冷冻一瓶啤酒。问题是太阳能服装不能沾水，也经不起清洗剂的折腾。

14.可工作与救生两用的衣服

日本研制的这种衣服用空心膨体面料制成。这种衣服在干燥时与普通纤维织物没什么区别，一旦进入水中其体积可在几十秒内迅速膨胀到原来的8倍。这种衣服既可做工作服也可做救生衣穿用。

15.耐热防火的衣服

法国和日本合作研制的这种衣服，式样与宇宙服相仿。这种衣服的面料表面附有不锈钢纤维，当外界温度达到1300摄氏度时，衣服内部的温度可保持在50摄氏度以下，并可持续3分钟。这种衣服用于消防、高温作业等特殊工作环境最为合适。

16.绿色皮鞋

耐热防火的衣服

阿根廷研制的这种皮鞋使用天然材料加工制作。用于鞋底、鞋面的皮革采用植物鞣革法加工，着色、粘接采用天然色素、水制黏合剂，缝制全部采用纯棉线。植物鞣革法使用的鞣革物质是从坚木和含羞草中提取的，坚木和含羞草是可再生资源，可合理采伐与复植。

第三章

低碳环保的绿色服装新材料

一、服装新材料的发展过程及发展方向

服装新材料的兴起始于20世纪中后期。当时，由于国际纺织服装市场的不景气，使一些工业发达国家的纺织服装业陷入了困境。为了寻求发展，这些国家利用本国的技术优势，大力开发新产品，不断推出具有高附加值的服装材料。与此同时，社会的需求也在发生着变化，人类对自身的生活环境或生存环境日益关注，健康、环保成为时尚。快节奏的现代生活，紧张激烈的社会竞争，使人们的生活方式发生了变化，注重生命和健康，成为人们对服装的要求。着装，既要满足心灵感受，体现自我意识，又要受益于身体，获取身体的健康。同时，日益恶劣的生存环境，也要求服装材料的生产同样应该是无公害和环保的。因此，适应社会的发展要求，成为服装新材料发展的巨大推动力，如当时日本生产的柔软贴肤面料、抗菌防臭面料，欧美织造的新型时尚面料、发光面料、变色面料等。这类服装材料的出现，既增加了纺织服装企业的效益，又满足了消费者的需求，因而形成了强大的开发动力，诸多纺织服装企业投入其中。在世界范围内，无论发达国家还是发展中国家均争相发展，时至今日，服装新材料市场已逐渐形成。

服装新材料的发展可以从以下几方面得到体现。

1.新纤维的推陈出新

纤维新材料的发展，强调的是与人类社会的协调并进，更加注重环境、安全、健康和舒适性。功能化、智能化纤维，无公害、环保纤维以及特种实用型纤维的大量涌现，为服装新材料的发展提供了原料基础。如新型纤维素纤维天丝改进了纤维素纤维的品质，其可分解性和无污染性生产完全适应了环保的要求；人们最熟悉的弹性纤维“莱卡”的出现，使织物的弹性和舒适性得到了前所未有的提高；Hydra高吸水复合纤维因其优良

的吸湿、放湿及抗静电性能，被用于内衣、运动服、女装及装饰面料中；广泛存在于虾、蟹和昆虫外壳以及菌类、藻类细胞壁中的甲壳素，可用来制成甲壳素纤维，它可生物降解、与人体相容，是保健服装材料以及生物医药用纺织品的绝佳选择；我国开发的大豆纤维织制的大豆服装的问世，标志着我国在服装新材料的开发中迈出了坚实的一步，这种纤维中因含有丰富的植物蛋白质，与人体皮肤相近相宜，织成的面料，其悬垂性、色泽度、抗皱性、抗紫外线等能力明显优于真丝织物，因而大受欢迎；类似的还有牛奶丝的开发以及各种麻类纤维、菠萝叶纤维的开发和利用等。

2.纱线的结构、性能、花色及加工方法的改进

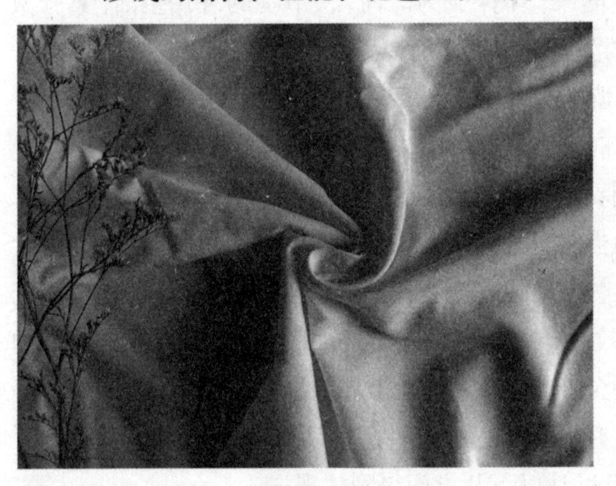

甲壳素布料

服装新材料的发展同样有赖于加工方法的改进，这些方法的采用在丰富纱线家族的同时，也使人类得到了极大的享受。如有一种涤棉三层复合纱，以极细的涤纶为纱芯，以涤棉混纺纱作中间层，最外一层是纯棉纱，形成三层结构，这种纱的织物轻薄、舒适还有很强的排汗功能，做成休闲装、运动装十分适宜；还有用锦纶异形纤维与腈纶混纺成纱，能代替高档澳毛纱，制成的产品手感柔软光滑、永不褪色，前景乐观；绒、丝高支混纺纱的问世，弥补了羊绒制品穿着季节短的缺陷，填补了高档轻薄面料的空白；混色纱、包芯纱、雪尼尔纱、强捻纱、印经纱、圈圈纱、毛茸纱等曾经流行或现在正流行的花式纱线，它们的身影在人们的衣饰中时常能够见到。这种利用纱线结构开发的新织物，其搭配组合千变万化，既新颖别致又能较快翻新。

3.织物形式多样化

各种新型纤维材料均有各自的优势，相互融合、相互组合可以优势互补。新技术、新工艺的采用，可使织物达到最佳的服用效果。如涂层织物可达到防风雨、防静电、隔热、防紫外线等多种功效；双层织物（双色、双结构、双风格、双原料等）可以体现多种风格；现代生物技术的采用，为织物的后整理增添了新方法，用一种特殊的酶，不仅具有上色功能，而且可以使织物具有丝般的柔软和棉般的蓬松，还可以具有绒毛的感觉，处理后的织物能保持清洁，耐皱，且垂感好；手感柔软的"绒头"织物（天鹅绒、人造毛皮等），表面效应奇特，层次丰富且立体感强。

4.服装新材料用途的多元化发展

服装新材料除用于满足人们的生活需求以外，还广泛用于与人类活动相关的其他领域中。如工业生产中的防热或隔热服、防化服、防辐射服等，部队战士的作战服、防爆服、防弹服等，科技领域的实验室工作服、防静电服、宇航服等。所有这些表明，服装新材料为人类提供的服务将是全方位的。

服装新材料的发展具有十分光明的未来，我国纺织工业"十五"规划中指出："十五"期间，人们对纺织品的需求，无论在数量上还是在质量上都将会有更高的要求，特别是城市消费者更加注重个性化、舒适化、高档化（品牌化）和时尚化。现代服装业已进入一个以质取胜的时代，新型服装材料的使用已经成为提高服装档次的重要手段，服装材料的更新与改进，将成为服装时尚的核心内容。在以服装为龙头的我国大纺织循环体系中，服装新材料的发展已经成为必然。

展望服装材料的明天，以电子、生物、化学、化纤、纺织工程等多学科综合开发服装新材料的趋势已势不可挡。根据天气的变化调节厚薄、自动调温，可使人类的着装更加简化和舒适；能移动通讯、能播放音乐，能全球定位，又将使人类充分享受到新型服装材料所带来的现代化服务……所有这些，已经为人们展示了新型服装材料服务于人类的美好未来。

二、超细纤维服装新材料

传统的化学纤维大多存在一系列缺点，如吸湿透气性差、色谱少、易产生静电及极光等。因此，化学纤维改善服用性能，甚至超越天然纤维的研究，得到极大的重视，从而使一大批具有新功能的化学纤维新品种纷纷问世，使化学纤维的发展步入了新的时代。超细纤维便是顺应这一发展趋势的产物，有人已将细特、超细特纤维的出现称为“合纤的福音”。不仅在服用领域，而且在其他领域，如产业用纺织品等领域，超细纤维也都有着广泛的发展空间。

细度是纺织纤维的重要品质特征，它和成纱线密度、强度、条干均匀度，特别是对形成织物的手感、风格特征等有着密切的关系。自然生长的天然纤维一般都具有较细的细度，如蚕丝单根丝素宽度约13～25μm；棉纤维宽度约13～30μm;山羊绒的平均直径约15～16μm，相当于品质支数为80支羊毛，其绒毛细度可细至5μm左右等。超细纤维在细度上优于天然纤维的特性，是其可以形成独特风格纺织品的关键。

超细纤维实际上是一个统称。一般地说，单丝细度接近或低于天然纤维的化学纤维都可以称为超细纤维或微细纤维。化学纤维中，常规纤维单纤线密度通常在1.11dtex以上，在此以下的则为细特纤维，最细可达0.01dtex，甚至更小。目前，对超细纤维的划分有不同的定义。美国的PET委员会将单纤线密度为0.3～1.0dtex的纤维定义为超细纤维，欧洲则认为超细纤维的上限应为0.3dtex，意大利则认为0.5dtex以下

超细纤维

的纤维即为超细纤维。但总的来看，超细纤维的分类方法主要有两种。

按照纤维与蚕丝线密度接近或超越的程度加以分类

1．细特纤维

细特纤维或称细旦纤维，其单纤线密度大于0.44dtex(0.4旦)，而小于1.11dtex(1.0旦)。细特纤维组成的长丝称为高复丝。细特纤维对应的产品大多为仿丝绸类织物。

2．超细纤维

超细纤维的单纤线密度为小于0.44dtex的纤维。超细纤维组成的长丝称为超复丝。超细纤维对应的产品主要为人造麂皮、仿桃皮绒等。

根据纤维的基本性能和大致应用范围进行分类

1．细特纤维

①单纤线密度范围在0.55~1.44dtex(0.5~1.3旦)的纤维定为细特纤维。细特纤维的线密度和性能与蚕丝比较接近，因此可采用传统的织造工艺对其进行加工。产品风格与真丝比较接近，是仿真丝产品的主要原料。②超细纤维超细纤维的单纤线密度在这里的范围是0.33~0.55dtex(0.3~0.5旦)。超细纤维主要用于高密防水透气织物以及一般的起毛织物和高品质的仿真丝织物的生产。③极细纤维极细纤维的单纤线密度范围是0.11~0.33dtex(0.1~0.3旦)。主要可用于人造皮革、高级起绒织物、拒水织物等高技术产品。

2.超级细纤维

单纤线密度在0.11dtex(0.1旦)以下的纤维为超级细纤维。现已有单纤线密度为0.000011dtex(0.00001旦)的产品，我国也已能生产0.001~0.003dtex的超级细纤维。这种纤维极细，直径小于3.2μm，甚至仅有0.03μm。超级细纤维多用非织造方法进行加工，产品主要用于仿麂皮、人造皮革、过滤材料和生物领域等。

纤维细度由粗到细不是简单的数量变化，而是伴随纤维变细，其相应的性能也发生了变化，即面料在外观、手感以及服用性能等方面都发生了质的变化。

超细纤维与常规线密度的化学纤维相比更加柔软，有纠结性和连续性，易于按需要施行各种加工手段，制造出更为透湿透气、蓬松柔软以及结实耐用的制品，面料更加富有美感。超细纤维服装面料的开发与应用已成为提高服装面料档次的重要手段，其面料已成为国际纺织品市场上深受欢迎的品种。

超细纤维最显著的特点，就是其单丝的线密度大大小于普通纤维，最细可达0.000011dtex。单丝的线密度急剧减小，这就决定了超细纤维会有许多不同于常规纤维的特性。纤维变细，其比表面积明显增大，因此形成的产品可以有许多极细的缝隙小孔，同时形成的纺织品就有可能聚集得更加紧密。超细纤维及其面料的特点如下面所述。

（1）面料的手感更加柔软。超细纤维由于线密度极小，大大降低了丝的刚度，织成的织物手感极为柔软。超细纤维的单丝线密度和单丝截面直径比真丝或其他天然纤维都小，因而其弯曲模量小，转动惯量亦小，这就使其形成的面料变得更加柔软、滑糯。同时，单丝的抗弯刚度较低，又使得面料具有优良的悬垂性，而面料平滑、柔韧性大成为其最大的特点。

纤维的线密度与截面积成正比。短纤维的抗弯刚度与截面积的平方成正比。例如，若构成织物的短纤维的线密度缩小百分之一，则短纤维的抗弯刚度就会减少万分之一，抗弯刚度下降，其结果使织物变得更加柔软，在织物表面上露出的短纤维提供了柔软的触感。

(2) 面料的服用舒适性更好。纤维越细，纤维的比表面积增大，因而提高了纤维“捕捉”静止空气的表面积，使得形成的面料在一定的空间内含有更多的静止空气，使保暖性大大提高。同时，纤维比表面积的增加，使得纤维具有较强的芯吸效应，相应面料的透气、透湿能力也大大提高。因此，穿着舒适性成为超细纤维制品的显著特点。特别是高密面料，不做涂层处理仍可保持其拒水、防风、透湿的功能。例如，丙纶的吸湿性最差，但丙纶细旦化后，织物表面立起的细纤维形成无数个微细凹凸结构，相当于形成无数个毛细管，因此织物毛细芯吸水效应明显增加，能起到传递水分子的作用，大大改善了织物的吸湿性、透气性，使织物的舒适性大大增加。再如，日本研制出一种直径不足10nm的合成纤维新技术，可以把140万根纤维捆扎在一起做出锦纶制品。其织物的表面积比常规锦纶织物大出一千多倍，它的吸湿能力是常规锦纶织物的2~3倍。

3．仿真丝效果好

超细纤维的绝对强力低。但是，由于超细纤维细，相同线密度的纱线截面的纤维根数比常规纱多，所以其纱的总强度仍然较高，从而一方面有利于面料的起绒或砂洗处理，以制备仿麂皮、仿天鹅绒、桃皮绒等高档面料，同时，又使面料具有较好的耐磨性和抗皱性。从光泽上看，超细纤维对光线的反射比较分散，使得产品光泽柔和。所以说，超细纤维仿真丝产品，其轻薄、飘逸、滑糯、手感好、光泽柔和、色泽艳丽的特点更加突出，抗皱性、免烫性、褶裥性等实用性能也大大提高。

超级细纤维睡衣

4．面料的去污性增强

纤维单纤线密度变小后，不论干洗或湿洗，均具有很好的清洁效应。

超细纤维因具有天然纤维未有的卓越手感而被誉为新合纤发展的先锋。这类纤维在纤维生产、织物生产和产品性能等方面与常规纤维有显著的差别，在面料开发中也有特殊性，通过不同线密度的选择还能开发出具有不同风格以及性能的新型纤维。目前这种超细纤维主要用于制作仿真丝面料、高密防水透气织物、桃皮绒织物、高吸水材料以及用于仿麂皮等。以下简单介绍一些新型的超细纤维服装面料。

（1）仿真丝面料。新型丝绸风格的面料，强调的是丝鸣感、悬垂性和蓬松性。采用0.11～1.1dtex微细涤纶、粘胶纤维等，同时单丝为三角、五角、六角、八角、L角等异形截面，以改善织物的光泽和透湿、透气性，相应的产品有纺类、缎类、双绉类、乔其类等。由于采用超细、微细纤维进行仿真丝产品的设计，使得相应的产品除具有真丝绸的风格特征外，还具有防污、抗静电、阻燃、亲水等性能，因而使其以多种实用性超过真丝产品而受到消费者的喜爱。

（2）高密度防水透气织物。超细纤维有利于制织高密织物，这种高密织物有较好的防水性，同时又保持了透湿、透气的特性。用这种织物制成的雨衣穿着舒适，没有闷热感。

这种织物的防水原理是：一般情况下，水滴直径较大，大约在100～3000μm之间。而水蒸气的直径与水滴相比则非常小，大约在0.0004μm左右，直径还不到水滴的百万分之一。将线密度为0.22dtex(0.2旦)左右的纤维纺纱织造成高密织物，由于纤维较细，织物的密度又较大，因而使织物形成了非常小的空隙。这些空隙可以使人体蒸发的水蒸气通过，但外界的雨滴由于粒径较大而无法通过，即达到了防水的目的。

（3）桃皮绒面料。桃皮绒大多是采用涤棉复合超细纤维及多种混纤丝、复合丝等，单纤线密度在0.11～0.22dtex之间的原料制织的高密织物，其组织一般采用平纹、平纹加斜纹变化组织等。由于超细纤维配置在面料表面，所以纺纱和织物结构设计及面料的磨毛、化学起绒处理是其产生桃皮绒效果的关键。

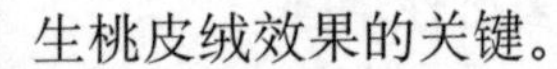

桃皮绒

①高档桃皮绒。高档桃皮绒是经向采用微细旦丝，纬向采用涤棉复合超细丝制织而成的机织物，经磨毛、砂洗等后整理，使之产生桃皮绒效应。具有绒面细密、色泽和谐、手感柔软、富有弹性、悬垂性好等特点。适宜用作夹克衫、西装等衣料。

②中档桃皮绒。中档桃皮绒一般是经向采用涤纶细旦异收缩混纤丝，纬向采用涤纶微细旦丝或低弹网络丝加强捻织成的织物，经松弛染整加工，高收缩纤维收缩成芯丝，低收缩纤维卷缩成毛茸状分布于芯丝周围，使织物不经磨毛就具有非常蓬松的绒毛效应和优雅细腻的桃皮绒风格。适宜用做夹克衫等衣料。

三、触感优越的服装材料

触感通常又称手感，它与服装材料的外观、服用舒适性有较密切的关系，使用者往往首先根据材料的触感来衡量面料的优劣，在服装面料的贸易中也常常将它作为面料的实物质量。通常所提到的触感或手感，其实是与服装材料的内在品质相关联的。

传统的服装材料中往往将触感作为衡量整个面料风格特征的全部内容，足见触感的重要性。随着人们对服装舒适、自然、休闲要求的提高，服装材料的触感优越性越来越被重视起来，那些滑爽平展的、蓬松柔软的、细腻贴肤的，无论是贴近自然的、还是超越自然的具有新奇特色的服装材料，都深受人们的喜爱。

自然界中能够提供给人们的服装材料往往都会有优良的触感，棉、毛、丝、麻给予人们的那种贴近自然或亲近自然的感受，千百年来已经为人们所接受。如今，科技的发展又使人们可以享受到服装材料带来的那种超自然的奇妙感受，化学纤维的发展正是朝着这样的方向进行的。触感优越的服装材料已经越来越多地展示在人们的面前。

仿蚕丝纤维

1.仿蚕丝纤维

仿蚕丝纤维是科技工作者很早就在进行探索和研究的服装材料，将化学纤维的实用性优点与蚕丝的特性及优越的触感相结合，可使材料获得一种令人心旷神怡的凉爽感受。蚕丝的特征是它独特的光泽、高雅的颜色、优良的蓬松性、悬垂性和悦耳的丝鸣。仿蚕丝纤维至少要具有蚕丝的几项性能，或者完全模仿蚕丝的性能，甚至是超越天然蚕丝的某些性能。

2.桃皮绒织物

桃皮绒面料是同时具有蚕丝的优良特性和桃子表面特征的织物。利用超细纤维，采用抓起毛方式(在织物表面出现毛绒)，或者用高异收缩混纤纱,使其在织物表面形成微小的圈环，且具有微细粉末状触感的制品。除具有柔软的触感外,还有温暖的感觉、朦胧的色调和优越的皮肤感等特征。织物表面覆盖着一层极短、超细、致密的绒毛，手感柔软、细腻，富有弹性。桃皮绒织物具有吸湿透气、穿着舒适、不褶不皱、尺寸稳定、易洗免烫等功能，是高档时装的首选面料，也可用于功能性运动服及高级洁净布等。

3.仿羊毛纤维

羊毛纤维及织物具有优良的保暖性，柔和自然的光泽，富有弹性和舒适美观的服用性能。但羊毛纤维也有它自身的缺点，如易产生毡缩，不宜机洗等。仿羊毛纤维就是利用化学纤维特征，采用超细纤维技术和异形截面技术，制造出既保持有羊毛纤维的优点，又可克服其缺点的纺织纤维。仿羊毛纤维是伴随着仿蚕丝纤维的发展而发展起来的具有羊毛特征的纤维，与仿蚕丝纤维相比，它着重于纤维或织物的保暖性、蓬松性的特征。

仿羊毛纤维为有光、异形和改性纤维。通常在常温常压下经阳离子染色或分散性常温常压染色可以使纤维或织物获得较好的染色性能。纤维线密度通常在1.65~5.5dtex(1.5~5旦)之间，长度在38~102mm之间。具有蚕丝般柔和的光泽，丰满感、蓬松性好，手感好，抗起球起毛等特点。较细的仿羊毛纤维，线密度大约在1.65~2.75dtex (1.5~2.5旦) 之间的，通常被称为仿羊绒纤维，其性能特点为：具有蚕丝般柔和的光泽，风格细腻、滑润、柔软，卷曲度好，抗起球起毛，如同丝光羊绒，具有独特的触感和良好的服用性能。

4.仿粘胶纤维

在纺丝过程中，可以把无机物质分散在纺纱原液中，制成纤维后，如果把无机物质溶解掉，就可以在纤维表面形成无数的微小凹凸点。这样的微细凹凸结构形成了纤维的深色层和灰色层，因此，形成的织物具有明暗感或深暗感等效果，且手感柔软，穿着舒适，悬垂性好，类似粘胶纤维，为女士用服装材料。

5.形态变化纤维

纺丝后，由于在拉伸的过程中使其进行不均一的抽伸，纤维的细度和分子排列便产生了差异，染色后会形成颜色的深浅色差，从而成为形态变化纤维，具有与天然纤维相似的光泽和触感以及独特的混合纤维效果。

6.高触感材料ZEPYR200

ZEPYR200高触感共轭纤维是由75%的锦纶在八个三角扇面里和25%的涤纶在一个辐射状扇面里形成的复合纤维。当具有辐射状的共轭复合纤维形成的机织物或针织物被碱处理时，涤纶部分被去掉，纤维裂解后，织物成为100%的锦纶，通过这种方式将普通的锦纶处理成为ZEPYR200织物，它有着极柔软的手感和优雅的外观。例如，现在有由500根单丝组成的110dtex(100旦)的纱线被碱处理，结果就变成由400根单丝为82.5dtex（75旦）的纱线了，也就是说每根单丝都成为只有0.2dtex（0.18旦)极其细的锦纶丝了。纤维的横截面显示出几微米的细小的花瓣状态。由于这种横截面的特征，使ZEPYR200有着非常高的蓬松度，使其织物极其柔软，且色泽耀眼。由于锦纶的杨氏模量和密度比涤纶低，因此，锦纶比同线密度的涤纶要更加柔软和轻盈。其产品的特点为，具有蚕丝般的柔软手感和丰富的成裥性，且具有透明、温暖、大方的效果和耀眼的色泽，同时没有

涤纶织物摩擦时的沙沙噪音。ZEPYR200已经应用于一般的服装面料，它为锦纶的应用开辟了一个新的领域，可以将其应用到制造高级服装和运动服的超细纤维织物的领域。

四、变色服装材料

服装材料的色彩变化给人的感官带来的刺激往往是最直接的，服装的色彩如何，常常可以决定服用者对服装的喜爱程度。俗话说，远看颜色近看花，可以说就是人们选择服装时的心理写照。服装的色彩变化带来的美感，可以使人们在观后产生种种的心理感觉和联想，如选择服装时的拥有欲望，穿着时备受众人欣赏的快感与自豪，与周围人共同拥有的满足感以及体现自我意识的现代感等。服装材料的这种受人欢迎的视觉感，可以使穿用者增强信心、心情愉快，并最终使服装体现出其使用价值和审美价值。

传统服装材料的颜色通常是不变的，而且人们还希望它不要褪色和变色。然而，现代人的着装意识改变了这种传统，很长时间以来人们就梦想去制造一种会随着天气或者环境变化而改变颜色的服装。如在室内穿着时为白色的T恤衫，到了户外或是随着温度的变化，却变成了蓝色、红色或是各种人们所希望表现的颜色。以往这些只有在《天方夜谭》中才会发生的情形，现在已经逐渐在人们的周围出现。运用新技术开发出的变色服装材料，可以使服装在不同的环境中表现出不同的颜色变化，使衣料在穿用过程中不断变幻色泽，令人耳目一新，从而满足了时尚着装者追求新奇、体现自我以及人们在特殊场合的着装要求。

具体到新技术材料有以下几种：

能变色的服装

1.热敏变色纤维

热敏变色纤维是指纤维表面颜色随温度的变化而变化的纤维。当周围环境温度变化时，纤维制品可以随着温度的高低变化，顺序出现颜色的变化，成为很受人们喜爱的时尚商品。

利用微胶囊技术、涂层技术和液晶材料制造变色服装材料是纺织服装界研究的目标，其原理是在面料内附着一些直径为2μm左右的微胶囊，内贮因温度或光线而变色的液晶材料和染料。无数微胶囊分散于液态树脂黏合剂或印染浆中，利用常规的方法将它们涂敷于纤维或织物上，当环境温度变化时，便会出现变色现象。

例如用胆甾醇壬酸酯（液晶）和氧化胆甾醇（非液晶）混合溶于石油醚中，在60℃处理5min，使溶剂蒸发，再在80℃处理2min，即可获得热敏液晶材料。将它分散在聚氨酯的初缩体中，涂在纤维或织物上，28℃时就会有变色反应。胆甾醇丁氧基酚基碳酸酯混合在矿物油里，在30℃～36℃时有色相变化。胆甾醇壬酸酯、胆甾醇油酸酯和氧化胆甾醇的混合物涂在聚酯纤维织物上，从27℃～35℃时颜色将从黑变到棕，再变为暗紫色。如果在织物上的液晶材料色相不够浓艳，在其中加入不溶性的染料和涂料即可加强。但这些染料和涂料须在光学反射特征上与液晶材料类似。胆甾醇油酰基碳酸酯、胆甾醇壬酸酯、胆甾醇丁酸酯和胆甾醇亚油酸酯与品红在氯仿里混合，再涂在织物上，从27℃～35℃，此液晶材料能分别显示出玫瑰红、大红、橙色、黄色、蓝色，而且这些变色具有可逆性。

随着液晶材料的不同，便会产生不同的变色效果，这些变色服装材料可用于制作时装、泳装、舞台装等。

2.光敏变色纤维

光敏变色纤维又称为光致变色纤维，是指在光的刺激下纤维发生颜色和导电性可逆变化的纤维，主要有光致变色纤维和光导纤维两种。它的制造原理是根据外界的光照度、紫外线受光量的多少，使纤维色泽发生可逆

变色材料制成的衣服

性的变化来实现的。

光致变色纤维是在太阳光或紫外光等的照射下颜色会发生变化的纤维。如日本研制的新型防伪纤维，其自身颜色会发生变化，是因在这种聚酯纤维中加入了特殊的发色剂，只要激光一照，发色剂就会发生变化，纤维的颜色也就随之变化了。目前已试验出可以变为白色和褐色的此种新型纤维。

利用前面所述的微胶囊技术，如果将变色材料光敏液晶涂敷在纤维或织物上，则光线的明暗变化便会使材料产生变色现象。例如，有一种光敏变色材料开始是无色的，但是当外界光线的紫外线波长由350nm变为400nm的过程中其颜色可以从淡蓝色逐渐变化到深蓝色。

还可以采用纺丝时在纤维中引入具有光敏变化性化合物的方法，或合成能变色的聚合物进行纺丝的方法制成变色纤维。例如将能在可见光下发生氧化还原反应的、色泽变化可逆的硫堇衍生物导入聚合物，然后纺成纤维。该纤维制品不仅对光线十分敏感，而且温度变化也能引起颜色的变化，当光线照射时，颜色可由青色转变成无色。这种服装面料可以用作部队士兵的伪装用服。

五、除臭香味新材料

随着室内密闭程度的不断增高，适宜的温湿度成为微生物繁殖和生长的有利条件。室内装饰织物及服装材料经过一定时间的使用之后，由于外界以及人体新陈代谢的污染作用，细菌的产生和繁殖使得它们有可能出现不良的气味，给人以不愉快的感觉，与自由神经发生作用而产生头痛和焦躁感，使活动的欲望丧失。因此，从卫生以及对人的情绪影响的角度出发，对服装面料的发展便提出了抗菌防臭或抗菌除臭的新要求，从而便产生了消臭、抗菌防臭以及香味新材料等。

臭味是由蛋白质、碳水化合物、高级脂肪酸和生物等成分构成的，由细菌等分解生成的挥发性分子。这些尽管是微量存在，但也能被人所感知的氨、硫化氢和甲硫醇被称为三大臭味成分，即是人们生活中存在的臭味。去除臭味的方法通常是消臭和抗菌防臭。

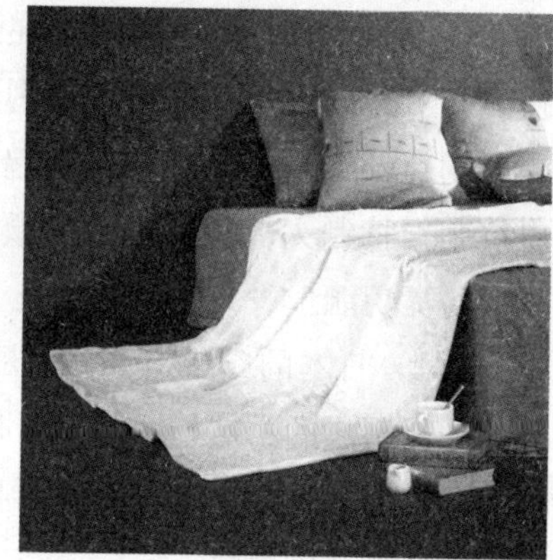
抗菌防臭织物

1.消臭织物

消臭织物以消除环境中已经产生的臭气为主。有利用微生物或酵素来使臭味分子分解的方法，有用反应速度非常快的化合物与臭味分子发生反应的方法，也有利用多孔性物质来吸收臭味分子的方法，还有用很强的芳香性物质使臭味不快感减小的方法。

（1）利用香精油、薰衣草精油等植物型芳香剂对织物进行处理，获得的消臭织物是以掩盖和中和的方式对臭气进行消臭作用的，这种织物由于采用了植物型香料，因此对人体无害，可用于床上用品等。既能够对人体起到保健作用，又不损伤原纤维风格的卫生衣料，可以防臭抗菌，减少汗臭并防止微生物侵蚀，缓解某些皮肤病，是保健内衣和袜子的理想材料。

（2）用活性炭、浮石、硅胶等微孔物质和特定的盐类对恶臭分子具有吸附作用的特点，对织物进行涂层处理，可以获得对臭气具有吸附作用的消臭织物。

（3）日本开发的山茶科植物萃取物，其消臭成分为黄酮醇、黄烷醇、丹宁酸等有机高分子物质，利用这种物质对织物进行处理，通过其中和反应、加成反应等复合作用可达到消臭的目的。这种方法是使恶臭分子与消臭剂发生化学反应，生成没有臭味的物质，其消臭效果较好。

（4）通过微生物的生物功能来消除恶臭的方法是利用微生物或酶与

纺织品结合，发挥微生物或酶对臭气的分解作用，以获得消臭织物。

2.抗菌防臭织物

抗菌防臭是通过控制微生物的繁殖来防止臭味产生的方法。人们生活的环境中存在种种微生物，在适当的温湿条件下，它们的繁殖特别活跃。内衣、床上用品等一旦受到细菌和真菌的危害，就会使纤维材料脆化、变色、产生恶臭气味，引起人体皮肤疾病等。抗菌防臭织物就是利用抗菌剂抑制人体表面吸附的微生物的繁殖，既起到抗菌作用，同时也具有防臭功能。

（1）日本的Chemitack.a是在涤纶短纤维中混入高性能银系无机盐抗菌剂而制成的。这种纤维不仅有高效的抗菌性，而且因为混入白包抗菌剂，纤维的白度增强了，因此可与棉复合使用。这种纤维制成的面料经洗涤50次后仍有抗菌性。

（2）抗菌防臭衣料Sanitized不仅能有效地长期阻止发生恶臭，保护衣料免于因微生物攻击而发生褪色和硬化，还能使衣料保持清洁和舒适。

（3）将直径0.005～0.02μm的超微粒子ZnO混入纤维或制成将ZnO分散的涂层液使之吸附在纤维表面上，利用ZnO能够抑制细菌和真菌繁殖的作用，可赋予纤维以抗菌防霉、防臭的功能。

3.香味纤维织物

在直径为5～10μm的微型胶囊中放入芳香性药材，将这些微型胶囊附着在纤维上可制成香味纤维。香味纤维受到摩擦时，胶囊被渐渐破坏，慢慢地散发出香味。

香味纤维制造中的重要技术是不能使胶囊受到破坏、胶囊附着的方法以及微型胶囊的大小和胶囊壁的强度。如果胶囊壁的强度弱，在处理纤维的过程中就都会被破坏掉，香味也就很快消失了。香味纤维可用做床具、领带、长筒袜、围巾、室内装饰用品等。

六、能保暖调温的服装新材料

在寒冷的环境中，织物的保暖性取决于织物和服装储存静止空气间隙的大小以及防止织物受潮和织物具有弹性以保持厚度的能力。织物实现保温功能的方法大致有三类，一是开发新型保暖纤维，二是通过远红外整理技术，三是改变填料结构。

保暖是服装舒适性的重要方面。为了提高保暖效果，保持人体正常的体温，历来的保暖服装材料采用的方法通常是控制热的传导、对流、辐射所导致的热损失，即使用厚的面料，或者添上棉絮来保温，有的还采用含有金属膜的面料。现已在诸如宇航太空服等高技术领域、民用及一些特殊领域得到了应用。

1.远红外线热纤维

远红外线热纤维是新型服装材料。它的制成原理是利用可以发射远红外线的陶瓷粉末或钛元素等作为添加剂，通过纺丝共混使其与涤纶或丙纶等纤维相结合开发出的保温新材料，受到了人们的欢迎。

宇航太空服

远红外纤维是向纤维基材中掺入远红外微粉（如瓷粉或钛元素等）而制成的保暖纤维，纤维基材可以是聚酯纤维、聚酰胺纤维、聚丙烯纤维等常用合成纤维，制造远红外纤维对远红外物质微粒的粒径要求极高，一般要求在1μm以下，掺加量多在5%～30%之间。差别化纤维也被用于新型保温织物，采用超细和多腔中空纤维以使织物含气量大大增加，并具极好的稳定性，达到保温、隔热的目的。

加工方法是把远红外微粉和溶剂、黏合剂、助剂按一定比例配制成远红外整理剂，对织物进行浸轧、涂层和喷雾。所用的溶剂可以是水，也可以是有机溶剂；黏合剂是聚氨酯、聚丙烯腈酯、丁腈橡胶等低温黏合剂；采用后整理方法时要特别注意助剂的选择，它对织物有显著的影响。

远红外线就是波长为$4\times10^{3}\sim1\times10^{6}$nm的电磁波。动物、植物和水分都吸收与自己的体温或表面温度相适应的$6\times10^{3}\sim1.4\times10^{4}$nm的远红外线。

远红外线的特征如下：

①物体吸收了远红外线可以转变为热。

②有促进动、植物发育与新陈代谢的作用。

③有除臭效果。

④常温下有杀菌、防腐的作用。

掺入陶瓷粉末的远红外线纤维，可以吸收人体发射出的远红外线，同时向人体辐射远红外线。此外，它还具有吸收太阳光，把光能转化为热能以及阻止人体上所产生的远红外线放热等多种功能。远红外线被人体吸收后，可使人体产生体感升温的效果，同时加快人体的新陈代谢，促进血液循环。因此，远红外线热纤维是一种积极的保温材料，保温率可提高10%~50%，作为服装材料，可使服装兼具轻便和保暖的双重功能。

有一种远红外保暖服装材料已开发成功，其面料由中间体、毛绒组成，在上下两层面料中间有不少于一层的中间体，中间体为网状布、非织造布或乳胶膜，在中间体上通过针刺植上涂有远红外的毛绒。此种新型面料解决了一般保暖材料伸缩性差或保暖性差的缺点，并且工艺简单，成本低廉。

今后，远红外线纤维的应用会逐步增加，其理由是，远红外线纤维除保温效果非常好外，从健康的角度来说，对自由神经（特别是副交感神经）有直接的影响，对人体膜和疼痛症医疗保健作用非常有效，因而它还是非常好的保健纤维。其优良的保健功能将在后面介绍。

使用方面，远红外纤维可用做电热毯罩、席子、电热器、运动服、内衣、袜子和防寒服等，还可用于镇痛效果很好的保护带，防止褥疮的躺椅等保健用品。

有一种被称为“温泉魔术”的新型面料，据说穿上这种面料做成的衣服，会使人感到像置身于温泉中一样的舒服。其面料用陶瓷系的无机物、从泥土中提取的无机物以及有机化合物组合加工而成，可以提高面料的透气性，陶瓷系无机物能够将人的体热转变成远红外线进行发热。据说与普通面料相比，“温泉魔术”面料可以将衣服内温度提高0.5℃～1℃，此外，这种面料还带有对皮肤有益的弱酸性（pH值为5～6）。

自然生热面料

还有一种自然生热面料，该技术是用一种被称为“热量感应”的特殊化学制剂涂敷在面料表面，使面料可以吸收人体自然排放的水汽，既而转化成热能。用此种面料缝制的服装，可比传统布料缝制的服装的保暖效果高出2℃～5℃。

2.调温纤维

服装的保暖通常是单方向的，即人体穿着保暖服装之后，在寒冷的环境中可以保持体温，而当人体处于温暖的环境中，在不需要保暖服装起作用时，人体又会感到热。能否让服装随人体所处温度环境的不同而进行温度的调节呢，科学家在这方面做出了努力。

20世纪70年代初，美国人发明了将二氧化碳等气体溶解在溶剂中，然后充填进纤维的中空部分，在织造前将中空部分封闭，这样，织造出的织物便具有了调温的功能。当织物处于温度较低的环境时，纤维中空部分的液体固化，气体在其中的溶解度降低，从而使纤维的有效体积增大，织物的绝热性能提高；反之，环境温度较高时则绝热性能降低。20世纪80年代中，Vigo等人先是利用某些带结晶水的无机盐，如磷酸氢二钠等，而后又

选择了聚乙二醇充填到中空纤维内部，先后制成了调温纤维。这种调温纤维中空部分的介质，可以随外界温度的变化发生熔融和结晶，介质熔融时要吸收热量，结晶时则放出热量，热量的吸收或是放出，使纤维具有了双向温度调节的功能。纤维的发热量是未经处理纤维的1.2~2.4倍，可以用于制作飞行服、宇航服、消防服、极地探险服、滑雪服和运动服等。

日本在这方面则是利用低温相变物质石蜡类介质的性质制成了调温纤维。例如利用直接纺丝法将石蜡纺制在纤维内部。为了防止石蜡从纤维中析出，对纤维的表面进行了环氧树脂处理。当纤维处于不同的温度环境时，由于纤维中石蜡的熔融吸热或结晶放热，纤维及其织物就产生出了不同于普通织物的调温效果。此外，将石蜡类碳氢化合物封入直径为1.0~10.0μm的微胶囊中，然后再与聚合物一起混合纺丝，同样可制得具有可逆蓄热特点的纤维。

3.太阳能放热纤维

北极熊为什么能在寒冷的北极地区生活，科学家通过研究发现，北极熊熊毛与光导纤维在结构上有着极其相似的地方。熊毛的外端透明，犹如一根细小的石英纤维，与皮肤接近的一端则是不透明的神经髓鞘，表面既粗糙又坚硬，中间是空心状，这种结构对光的传输特别有利，它可以最大限度地将光能汇集到表皮上并转化成热能，通过皮下的血液循环，热能被输送到全身。

受北极熊熊毛光热转换的启发，20世纪80年代，日本的一些公司开发了一系列利用储存太阳光和人体辐射放热的纤维产品。例如复合纤维阳光a，它的芯组分聚合物里含有吸光畜热性能的碳化锆类化合物微粒，皮组分则为聚酯或聚酰胺。丝的规格有5.5tex、16.5tex涤纶和3.3tex、7.7tex锦纶。阳光a纤维具有杰出的吸收可见光和近红外线的功能。制成服装穿着后，在有阳光的日子里，服装内的温度比普通服装高2℃~8℃，阴天时也可高2℃左右，保温效果明显提高。该纤维已被用来制作滑雪服、运动衫、紧身衣等多种产品。

4.电热纤维

日本试制的一种保温服装材料，是利用电热材料参与组成的复合纤维，其原理如同电热毯，利用导电纤维通电使纤维发热，以达到取暖的效果。用该纤维制成的服装，外形似一件薄薄的单衣，其实为一件电热衣，能源来自随身携带的可充电电池，在寒冷的冬季里，其源源不断的热量，足以抵御严寒。

日本采用具有导电性的碳纤维，制成了通电后具有良好保暖性的发热纤维。这种纤维织成的织物除可用于保暖服装、医疗保健服装外，还可以用于电热地毯、加热床单、车辆加热垫的制作。此外，日本还有人用聚乙烯和炭黑粉末混合的方法制成了发热纤维。对这种纤维的研究表明，当聚乙烯中混入10%的炭黑时，直径1mm，长度10mm时的丝约有500Ω的电阻。这种纤维在40V的电压下，其表面温度可达到近45℃。

5.太阳绒

太阳绒是根据太空棉原理制成的新一代具有代表性的材料。它是将传统的100%羊毛纤维充分绒化、蓬松后置于两层软镜面之间，使其形成薄厚可控的热对流阻挡层（气囊），其导热系数极低，同时对人体的热射线有反射作用实现了双重保暖的功效。由于气囊中气体含量占90%，因而太阳绒既轻便柔软又保暖。其单位体积内纤维量比棉花少2/3，比羽绒少4/5，制成的服装美观而不臃肿。经检测其克罗(co)值为3.062。两层镜面上有可开闭的微孔，如同皮肤的毛孔，热时可张开散热，冷时又可关闭保温，温度可调且具有透气性，是秋冬季的理想衣料。

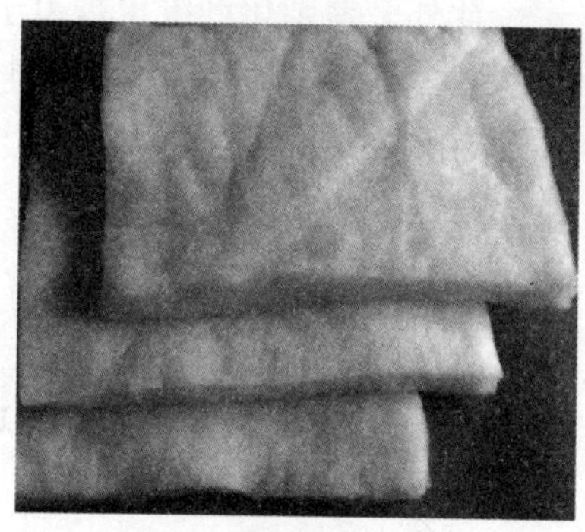

太阳绒

6.化学保温、调温纤维

国外有人利用化学方法制取保温、调温纤维。例如有一种附有一层不透水的薄膜，内装硫酸钠的纺织品，当硫酸钠受热后会液化贮热，其贮热能力比水强60倍，从而使体感温度下降；而遇冷时硫酸钠会固化，同时将吸收的热量散发出来。其面料可用于服装和窗帘。还有人将铁粉等混入聚合物中纺丝，利用铁粉在使用过程中的不断氧化放热性能，研究开发出了化学反应放热纤维。

7.吸湿放热纤维

受羊毛吸湿放热原理的启发，日本开发了一种发热纤维。它能够吸收人体散发出的水分并放出热量，所放出的热量是羊毛纤维的2倍。通过控制发热和放热速度，使纤维吸附水蒸气后产生的吸附热得以均匀地释放，因此缓慢地抑制了服装内的温度变化，从而使纤维发挥出保温防冷的作用。

此外，差别化纤维也被用于新型保温织物，如采用超细纤维和多腔中空纤维，可使织物的含气量大大增加并有极好的稳定性，从而达到保温、隔热的目的。

七、透湿吸汗服装新材料

吸湿透湿是指织物将湿气从皮肤输送到外层织物或外界空气，继而蒸发、散佚，从而使穿着者感到凉爽的能力。服装面料的吸湿透湿性能主要取决于构成面料的纤维的吸湿性、导湿性和放湿性。首先，吸湿性的大小直接影响导湿性和放湿性的作用程度，而导湿性又制约着放湿性能的发挥，同时也影响到纤维的吸湿性是否达到饱和，放湿作用约束吸湿和导湿的持续进行。因此，构成面料的纤维之间的协调作用是服装面料保持干爽、人体保持舒适的必要条件。

作为服装材料，其吸湿透湿性能的优劣与其服用舒适性密切相关。据测试资料表明，人在静止时，通过皮肤向外蒸发的水分约为15g/m^2/h。在运动时，则有大量的汗水排出，既有液态的，也有气态的，数量约为100g/m^2/h。人体排出的这些汗水和汗气，应能透过衣着而迅速扩散到大气中去，以保持皮肤表面的干爽和舒适。在排散的汗气中，少部分是直接从织物的孔隙中排出的，称之为透湿扩散；而大部分则被织物中的纤维吸附，再扩散到织物表层，通过蒸发排入大气，称之为吸湿扩散；至于人体排出的汗水，则主要通过毛细管现象吸入织物内层，进而扩散到织物的表面，称之为吸水扩散。天然纤维具有良好的吸水吸湿性能，因此穿着舒适。

在化学纤维当中，疏水性合成纤维经物理和化学改性后，在一定条件下，在水中浸渍和离心脱水后仍能保持15%以上水分的纤维，称之为高吸水纤维，在标准温湿度条件下，能吸收气相水分，回潮率在6%以上的纤维，称之为高吸湿纤维。但是，一般的合成纤维由于其成纤聚合物分子上缺少亲水基因，吸湿性差，因而合纤服装穿起来使人感到闷热。通过对聚合物的改性、纺丝和织造等各种渠道，制成高吸水、高吸湿合成纤维，可使制成的衣服兼具吸水、吸湿、透气、干爽的特性。

提高合成纤维的吸水、吸湿性，一般有如下一些方法：

（1）与亲水性单体共聚，使成纤聚合物具有亲水性；

（2）采用亲水性单体进行接枝共聚；

（3）与亲水性化合物共混纺丝；

（4）用亲水性物质对纤维表面进行处理，使织物表面形成亲水层；

（5）使纤维形成微孔结构；

（6）使纤维表面异形。

虽然改进合成纤维吸湿性的方法很多，但多数方法的效果并不明显。人们通过长期的研究发现，纤维的多孔化是一种改善合成纤维吸湿性非常有效的方法。此外，纤维表面异形、采用特殊的织物结构等方法也是行之有效的。

1. 多孔高吸水吸湿纤维

高吸水吸湿纤维Hydra就是采用微孔结构的原理制成的。日本研制成功的高吸水吸湿纤维的吸水能力可达自重的3.5倍。它是将有特殊网络构造的吸水聚合物包覆在锦纶上的芯鞘型复合纤维，兼有吸水性和放水性。这科纤维的吸放湿能力和吸放湿速度均优于天然纤维，而且放湿速度比吸湿速度更快。Hydra长丝的吸水性略逊于棉纤维，而短纤维纱的吸水性却比棉纤维更胜一筹，且抗静电性较好。如果与涤纶组合，则抗静电性可与棉相比拟，同时具有良好的穿着舒适感。

有人分别将Hydra、棉、涤纶制成的衬衣进行穿着对比试验，结果表明，Hydra衣服内相对湿度远低于棉、涤纶，穿着舒适。因此，Hydra可纯纺或与其他纤维混纺，用于内衣、女装衣料、运动衣及室内装饰织物。

聚丙烯腈纤维

多孔聚丙烯腈纤维也是一种高吸水吸湿纤维。如德国的Dvnova和日本的Aqualon，都是采用在纺丝原液中加入成孔剂的方法制成的。纺丝后再将所加的物质除去，这样纤维内部便产生了许多孔穴。这两种纤维都具有很高的吸水性和透水性，而且穿着时没有粘湿感，即使吸湿后也有很好的透气性和保温性，其强伸度与普通腈纶相当，表观密度比普通腈纶约小1/4，是一种理想的内衣和运动装原料，还可用于制作儿童服装、睡衣、毛巾、浴巾、尿布、卫生巾及床上用品等。

聚酯纤维也可采用多孔的方法制成高吸水吸湿纤维。例如日本的Wellkey聚酯短纤维和WellkeyFilament聚酯长丝，均以聚酯为基础聚合物制成。在该纤维上，直径0.01～0.03μm的微孔均匀地分布在纤维的表面和中空部分。这些从表面通向中空部分的微孔通过毛细管作用吸收汗液。

吸收的汗液通过中空部分扩散，并进一步从微孔蒸发到空气中去。汗液吸收的速度和扩散的速度比棉纤维快，因而不会有汗液留在皮肤上，使皮肤表面保持干燥，感觉既凉爽又清新，同时又没有寒冷的感觉。纤维表面的微孔也使得其制品具有温暖、活泼、柔软的手感。

2.吸汗速干纤维

由于棉制品具有极其优越的吸水性，因此长久以来，人们一直把棉用做内衣、毛巾等。但是，由于棉制品不会快速干燥，使人总有潮湿的感觉等，长久湿润状态下使用时，还会很容易产生异味，有不爽快等感觉。

吸汗速干纤维是一种在吸了很多汗液时也会很快干燥，能够一直保持爽快状态的纤维。为了使其吸水后能够快速蒸发，纤维在具有适当的亲水性的同时，还有必要控制水分向纤维内部浸透。即使纤维自身没有亲水性，也会由纤维集合体的毛细管效应吸收水分，这种情况下，由于所吸收的水分量是一定的，很容易被控制。赋予纤维吸汗速干性能的方法如下：

（1）纤维截面异形化。所有需要改性加工的纤维都是吸湿或导湿性能差的疏水性化学纤维，大多采用在喷丝之前改进聚合物、改变喷丝孔截面形状及大小，或两种方式同时采用等方法进行改性。常用的纤维主要是聚酯纤维、聚酰胺纤维和烯烃类纤维。

日本的Triactor纤维，其截面形态呈Y字形，这种纱线在织物中无论受到怎样的弯曲挤压，都会留有细密的空隙，形成毛细管效应，是较佳的导湿纤维，适于做内衣、休闲服。

另据报道，日本宣布开发出一种新型快速干燥织物。这种新型织物以两种不同类型的聚酯纤维纺织而成，一类为横截面呈W形的纤维，另一类为8字形纤维。这种织物遇水后可以让水分散开为更大的面积，以便加速水分的蒸发。利用这种织物制成的运动服在潮湿后变干仅需10min，而一般服装通常需要20min。

（2）偏心芯复合纺丝法。把聚对苯二甲酸乙二酯、聚酰胺等高分子物制成偏心芯状，把其中一种成分用溶剂溶掉，可形成具有很多毛细管

吸汗织物“丝派西”

的纤维。

（3）微细多孔化。纤维截面内部形成很多微细的孔隙，并且这些孔隙是与纤维表面相通的，因而具有很好的吸汗速干性。

赋予纤维微细多孔的方法是，在综合体中添加微细多孔形成剂，纺纱后把微细多孔形成剂溶掉，即可得到具有与中空内部相通的微细通道的纤维。微细多孔纤维由于可以很容易地把纤维表面的水分移入纤维内部，因而具有吸水性。

日本利用亲水性纤维制成了多种干爽舒适的复合织物，并研制出由铜氨、吸水聚酰胺和弹性体等3种材料构成的具有3层结构的织物。该织物与皮肤接触的一侧为吸水性的聚酰胺纤维，中间层是铜氨长丝，外侧的弹性纤维使复合织物具有较好的伸缩性。当皮肤出汗时，被吸水性聚酰胺纤维吸附，经过铜氨及弹性纤维向外扩散并放湿，使皮肤不产生冰凉或湿润感。

吸汗织物“丝派西”也含有3层结构，第一层用于吸附和传输汗水，第二层可以防止汗水逆向迁移，第三层结构起放湿作用，使织物具有良好的吸湿透湿性。

3．防水透湿织物

在湿冷的天气里，有些服装如羽绒服、防寒服等，要么不防水，雨雪从外一直浸湿到内；要么防水却不透气，身体散发的水汽排不出去，从内湿到外，很不舒服。而高科技的防水织物除了具有防水保护外，还提供了重要的透气性能，不但能将湿气从衣服里面输送到外面，而且还有使空气从外面输送进来的能力。现在各种防水透湿的“可呼吸织物”已经被研制出来了。

当把水滴在荷叶上时，水不会浸入到荷叶中，而是在其上形成了滚动的水滴。用电子显微镜观察荷叶表面会发现，其上被100μm直径的颗粒以

300～500μm的间距间隔地排列覆盖着。颗粒与颗粒之间存有很多空气，颗粒与空气在荷叶表面上自然地混合覆盖着。这样的混合覆盖层，使水不能浸入荷叶内而形成水滴滑落下来。透湿防水织物就是模仿这一自然现象制成的。

为使透湿防水织物的表面具有像荷叶一样的结构，可以把线密度为1.1～2.2dtex（1～2旦）和0.22dtex(0.2旦)的纤维混纺织造成高密织物，由于纤维粗细不同形成了空隙，这些空隙中含有空气，且织物的表面是以微细的形态加工而成的，所以类似于荷叶表面的天然结构。

水滴的直径一般在100～3000μm之间，而水蒸气的直径仅为0.0004μm左右。因此，防水透湿织物在服用过程中，在它的表面，颗粒较大的水滴就像在荷叶表面一样无法浸入织物内部。而人体皮肤表面出现的水蒸气或碳酸分子的直径还不到水滴的百万分之一，由于颗粒较小，所以通过纤维间的空隙能够散发出去。

据有关专家介绍，根据生产技术的不同，此类织物大致有以下三种：

（1）采用高密度织物。这种高密织物多利用高支棉纱和其他超细合成纤维制成，从而使织物具有较多的水蒸气透过性，再经过整理后具备一定的防水性。近年来，超细纤维迅速发展，各种用它制作的超高密织物大量涌现，由超细纤维织成的超高密织物再经超级拒水整理，可使织物表面形成类似荷叶的均匀而有微细凹凸的结构，使水滴在其上仅与凸出部分接触，凹陷处由于有空气封闭着，使织物与水滴实际接触部分大为缩小，从而成为新一代的防水透湿织物。

（2）利用复合织物。这种方法是使用特殊的双层或三层结构。双层结构由一个压有防水透气薄膜的外层织物和独立的服装衬里保护层组成；三层织物系统由外层织物、防水透气薄膜以及直接压在薄膜上的衬里织物构成。通常，双层织物比三层织物更柔软、更透气，而三

涂层织物

层织物更加经久耐用。

例如有一种与此构成原理相同的多层织物，其中有一层为聚四氟乙烯薄膜，这层薄膜的厚度为25.4μm，其上有无数的微孔，孔径的规格不一，最大的为0.2μm，薄膜的28%是孔径。该材料本身是疏水的，水滴遇到它无法通过就会滑落，因此可以达到拒水的目的。而人体皮肤表面出现的水汽．由于颗粒直径较小，则很容易通过。

一种新型的防水透气材料特别涉及对防水透气弹性复合材料结构的改进，在两层面料之间夹有聚酯粘接层，其固化厚度为0.005～0.1mm。面料为再生纤维、合成纤维或天然纤维针织或机织物时，纤维线密度为0.55～11dtex(0.5～10旦)；面料为非织造布时，非织造布为15～200g/m^2，这种复合材料具有良好的防水透气功能。

（3）采用涂层织物。它可分为亲水涂层和微孔涂层结构，亲水涂层织物是在织物表面涂上一层亲水物质，由于涂层覆盖了织物的所有空隙因而可以防水。涂层织物一般加工简单，特点是透湿小，耐水压不大。受原料、工艺的局限，目前尚未解决透湿与耐水压、耐水洗之间的矛盾。

凉爽裤袜

八、凉爽服装新材料

夏日里，人们承受着酷暑的煎熬，能否有一种防暑凉爽夏衣，使人们可以从容自在地度过这炎炎夏日呢？凉爽服装材料满足了人们的这一要求。

1．凉爽棉

凉爽棉是美国推出的新型混纺织物，它由56%的棉、24%的聚酰胺纤维和20%的莱卡弹性纤维组成。该衣料清凉透气，手感好，制作的各种内衣裤，穿着凉爽舒适，具有良好的防暑作用。

2．凉爽纤维

在聚酯纤维中掺入金属氧化物，可制成一种防暑、防日晒的凉爽纤维。金属氧化物可以减弱太阳光和紫外线的照射而使衣服内部凉爽，同时还可以有效地减弱服装的褪色。据测试，在太阳光直射下，该面料与棉布相比，温度可降低5℃～10℃；与普通的聚酯纤维面料相比，温度可降低5℃。

3．凉爽裤袜

凉爽裤袜内织入了一种含有药剂的微胶囊，胶囊中含有维生素C及多种维生素、矿物质、海藻等制品。穿着这种裤袜后，药物会释放并渗入皮肤，使腿部感到凉爽。但此种药力经洗涤6次以后会逐渐消失。

4．“空调型”T恤

“空调型”T恤采用美国的专利产品COOLMAX功能型面料裁制而成。该面料所用纤维是一种具有凹凸横截面、呈弓字形横截面、四孔状横截面的涤纶，具有导汗、快干、降低体温的功能。实验表明，此类纤维所织布料可比棉纤维织成的布料的温度低2℃～5℃，从而使穿着者倍感凉爽。同时，这种“空调型”T恤所用织物纤维中还掺入了各种香料，经穿着摩擦后，会散发出如桂花、柠檬等植物香味。这种纤维还广泛用于制作针织内衣。

5．复合型干爽织物

复合型干爽织物利用了多层织物的特性，其导水层选用疏水性材料，并将其表面制成凹凸不平的形状，以点接触皮肤而减少摩擦和潮湿感；扩散层则采用亲水性材料。这种复合型干爽织物中包括棉／涤纶、棉／丙纶

等两层结构织物，还有如棉／涤棉／涤纶等三层结构织物。

6．防热服

有一种防热服类似一个人体冰箱，其上有一个小小的制冷装置和一些细细的管子，冷水通过这些管子被抽到防热服的不同部位，从而吸收热量起到降温作用。

九、卫生、保健服装新材料

卫生、保健纺织品是功能纺织品中的大类产品，它作为提高人们生活品质，改善人们生活质量的新产品，越来越受到人们的重视。以保健、抗菌防霉、防污为重点的新型纺织品为人类提供着新型的服务。

1.红外保健纺织服装用品

利用远红外线的特殊性能，不仅可以制成远红外储热保温服装，还可以将能发射远红外线的物质与纺织品相结合，发挥远红外线独特的保健功能，制成近年兴起的新型保健用品——保健纺织品。

一般认为，远红外保健纺织品能在体温状态下发射出波长为4～14μm的远红外线，该波长的远红外线与人体的远红外辐射波长相匹配，容易被皮肤吸收，引起组成人体的原子、分子振动加剧，导致皮肤表层和皮下组织发热，使体温上升，微血管扩张，促进血液循环和生物酶的生成加速新陈代谢，活化机体功能，从而可以清除微血管中的瘀血、致癌重金属、毒素、导致高血压的钠离子和造成疲劳的乳酸等，起到对人体的辅助治疗作

托玛琳保健纺织服装用品

用。此外，消除疲劳，宁神止痛，调节自律神经等也是远红外保健纺织品的主要功能。

2.托玛琳保健纺织服装用品

一种由矿物晶体托玛琳 (Tourmaline) 作为环保与健康新材料用于保健纺织品开发的研究，引起了人们的重视。托玛琳又名电气石、碧玺，是一种天然的宝石，它经过超微粒粉碎制得的超微粒材料 (粒径0.1μm) 可以与纺织品结合，获得良好的保健功能。由于托玛琳具有负离子、远红外、微弱电流、微量元素的特性，可广泛用于有益于人类健康及环保的产业中，涉及的领域有医疗界、建筑业、食品业、农业、园林业、水处理业、畜牧业以及日用品、化妆品业等。

托玛琳保健纺织品的制成方法是：用托玛琳粘胶纤维，采用涂层法、静电植入法、点塑法等与棉制品等结合。托玛琳粘胶纤维与以往采用陶瓷粉作为原料的远红外纤维相比，具有更加优越的性能，除具有发射远红外的功能外，还具有生物电及释放负离子等性能。

托玛琳保健纺织品对人体健康有如下的功能：

（1）托玛琳具有在常温下发射远红外线的功能，其发射波长为4～14μm，发射率在92%以上，制成的纺织品发射率也在80%以上。由于托玛琳保健纺织品明确的远红外热效应，使其具有远红外保健纺织品的医疗保健作用。

（2）托玛琳能自动地、永久地释放负离子，而负离子对促进人体健康有如下的直接效应：

①使细胞活性化，有助于细胞内外营养和氧输送到细胞内，二氧化碳、废物排泄出细胞。

②净化血液，可使血液中的废物和有毒害物质及时有效地排除，同时负离子还有抑制血清胆固醇的直接功效，使血脂降低，从而可降低动脉硬化的发病率。

③消除疲劳。人体吸收负离子后，体液呈弱碱性，全身新陈代谢变得

很活跃，积蓄在体内的疲劳元素得到了充分的燃烧，消除了引起疲劳的致病因素，使体力得以恢复，疲劳得以缓解。

④稳定植物神经系统。负离子可以影响植物神经系统的应激功能，调整植物神经的功能，使失调的神经系统功能调整至最佳平衡状态，达到防病治病的目的。

⑤增强人体的抗病能力。负离子能改善白细胞的数量和质量，增强白细胞吞噬细菌的功能，对感染性疾病有辅助治疗作用。

⑥对肿瘤细胞有抑制作用。人体吸收负离子后，以其本身电荷来影响血液中带电粒子的组成和分布情况，从而使以血液和细胞间液为生存环境的细胞体随着本身的代谢活动增强而活性增强，机体的抵抗力得以增加。

⑦提高机体对放射性物质以及电磁辐射的抵抗能力。

⑧镇痛作用。人吸入负离子以后，会纠正人体内的失调状况，达到镇痛的目的。

⑨改善过敏体质。通过调整植物神经系统平衡，增强对变应源的抵抗力，负离子对呼吸系统的过敏性、对食物的过敏性有改善作用。

⑩可使人长寿。

(3) 托玛琳使人体的体液呈弱碱性(pH值为7.4左右)，从而创造了健康的体内环境。

(4) 托玛琳具有生物电的性能，每个微小的托玛琳晶体就相当于一节小的电池，无论多么细小的颗粒，其特性都是不变的。托玛琳的睡眠用品系列产品和内衣系列产品中就有成千上万个小电池直接与皮肤接触，这就会使与人体相匹配的微电流在人体内流动，激活了细胞，因此可以提高人体的自然治愈力。

(5) 托玛琳保健纺织品还具有抑菌、除臭、镇静、镇痛的作用。

(6) 托玛琳保健纺织品具有冬暖夏凉的作用。其保暖作用如前所述。夏日衣着趋细特的托玛琳织物，由于远红外的作用能把人体从外界吸收的热传导到深部组织，不使温度梯度缩小或缩小较小，使人体水分扩散不受或少受影响，人体的温度调节处于正常状态，从而使托玛琳织物起到调节体温的作用，使人有凉爽的感觉。

托玛琳保健纺织产品有，床上用品系列：床垫、床垫套、床单、被子、被套、枕套、枕头等；护身系列：冬装、夏装等；局部保健康复系列：腰封、护膝、护腕、健康帽、健康袜等。

3．抗菌服装用品

如今，科学技术的进步带动了物质文明和精神文明的高度发展，人们的生活进入了一个崭新的阶段。人们日益重视与人类自身健康紧密相关的环境污染问题。在世界范围内，生态环境和微生物环境遭到了经济发展所带来的严重污染。据世界卫生组织统计：1995年，全世界因细菌传染造成死亡的人数为1700万人。1996年，日本发生了全国范围内的病原性大肠杆菌感染事件。2000年我国卫生部抽样调查显示，我国1/3人口已感染结核菌，感染人数达4亿。2002年SARS病的出现，更是让人们对生态环境和微生物环境的恶化给地球和人类健康带来的危险表示担忧。因此，控制和抑制有害菌的生长和繁殖是一项与人类健康息息相关的重要课题。

对于自然界的微生物而言，人的皮肤是一种很好的营养基。在一般情况下，人们皮肤上的一些常驻菌起着保护皮肤免受病菌危害的作用，而一旦微生物中的菌群失调，它们中的少量致病菌就会大量繁殖，并通过皮肤、呼吸道、消化道以及生殖道黏膜对人体造成危害。纺织品在人体穿着的过程中，会沾上汗液、皮脂以及其他各种人体分泌物，也会被环境中的污物所沾污，这些污物是各种微生物的良好营养源，尤其在高温潮湿的条件下，它们就成为各种微生物繁殖的良好环境，因此，在致病菌的繁殖和传递过程中，纺织品是一个重要的媒体。抗菌纺织品不仅可以避免纺织品因微生物的侵蚀而受损，而且可以截断纺织品传递致病菌的途径，阻止致病菌在纺织品上的繁殖以及细菌分解织物上的污物而产生的臭味（多为有机酸类和胺类），避免发生皮炎及其他疾病。

抗菌纺织品就是具有抗菌防病功能的医用用品和卫生用品，也称抗微生物纺织品。它采用高新技术将抗菌因子牢固地与纺织品纤维分子结合，能有效地抑制来自各方附着于纺织品表面上的细菌。

(1) 抗菌的含义。

抗菌不同于灭菌和消毒。灭菌是指能够完全杀灭所有微生物；消毒的意思是使病原菌死亡，从而失去感染能力。而抗菌是一个新的名词，通常具有下列含义：

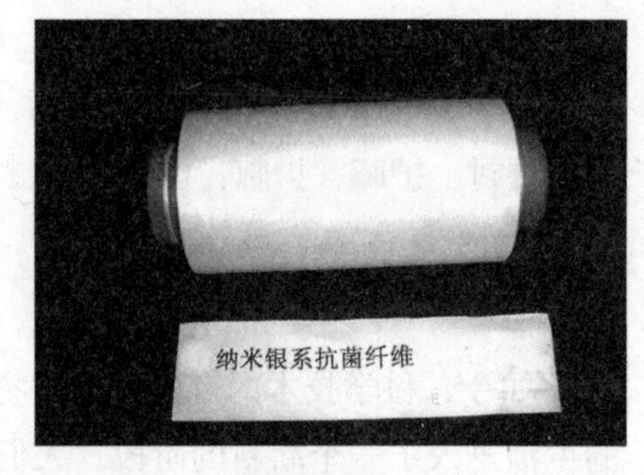

抗菌纤维

①以人们生活环境中生存的细菌为对象，能够长期保持人们生活环境在微生物学方面的卫生性，其作用可在该织物上较长时间存在，作用效果可持续数年甚至数十年。

②它可能是杀菌，可能是抑菌，也可能是杀菌及抑菌两种机制同时并存，或杀菌能力在杀菌水平之下、抑菌水平之上。

因此，抗菌可通俗地理解为：控制微生物的活动和繁殖，或将其逐步杀灭，创造一个清洁的环境。

在纺织品抗菌处理中，要根据不同作用环境采用不同的抗菌剂量。如窗帘可用杀菌剂量处理；而对内衣的抗菌防臭处理，则由于内衣与皮肤接触，为了避免干扰皮肤常驻菌，因此常用抑菌剂量以抑止细菌、霉菌在内衣纤维中的滋生，保护或不破坏皮肤常驻菌的防护作用。

(2) 抗菌纺织品制造方法。

抗菌纺织品种类繁多，但它的制造方法基本有以下几种：

①采用后整理技术。后整理技术就是将纤维、纱线、织物或成衣通过某种媒介与抗菌物质结合以达到抗菌效果。用这种方法生产的抗菌制品耐洗性差、耐热性低，易挥发、易分解，抗菌效果不很持久。

②用抗菌剂与高聚物混合纺丝。属纤维的物理改性法。抗菌剂分为有机抗菌剂和无机抗菌剂。用这种方法制得的抗菌纤维具有较后整理技术抗菌效果持久的特点，但也有它的不足，其中有机抗菌剂不耐高温，具有一定的挥发性，耐温性差，长期使用时有溶出、析出等现象，容易对皮肤和眼睛等造成刺激和腐蚀；无机物抗菌剂，如银锌铜离子等复合其他阳离子纺丝，制得的纤维

容易变色，并且由于无机物添加量比较大，降低了纤维的可纺性、可染性和纤维的强度。随着纳米技术的发展，采用纳米级抗菌剂与高聚物混合纺丝，由于纳米级抗菌添加剂的微粒子粒径的细化，使经过化学改性的抗菌剂与成纤聚合物共混纺丝，改善了纤维的可纺性，其抗菌效果大大增强。

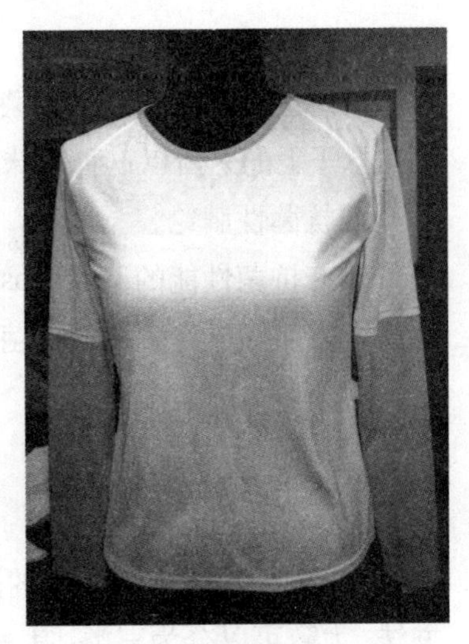

抗菌服装

③纤维的化学改性法。采用在聚合物时或纺丝后使抗菌剂与聚合物化学结合的方法，通过聚合物的转化或接枝共聚，使纤维获得抗菌效果。这种方法获得的抗菌纤维具有效果稳定、持久的特点。

抗菌纺织品应用范围极为广泛，除人们日常生活外，涉及领域还在医疗、药品、食品、军工等方面。

抗菌纺织品一出现便风靡全球，市场需求迅速增长。在日本，90%以上的袜子、内衣等都为抗菌纺织品。20世纪70年代末80年代初，日本的抗菌防臭纺织品进入了比较快的发展阶段。国际上也开始出现通过化学纤维的高分子结构改性和共混改性方法生产的抗菌防臭织物。20世纪90年代以来，日本生产的抗菌纤维制品居世界领先地位，如用染色方法生产抗菌织物，采用铜离子在纤维中分散的方法生产抗菌织物，采用银、锌、铜等金属离子复合技术生产抗菌织物，以N－苄基－N，N－二甲基－Ⅳ－烷基氯化铵为主要成分生产抗菌织物等。

（3）主要新型抗菌织物。

①AB抗菌织物。

AB纤维是将铜离子接枝到腈纶上，利用它所带的电荷与多种细菌所具有的电荷正好相反的特性，达到灭菌的目的。

②嵌入矿物质织物。

如一种可以防止传染病并且可以改善血液循环的短袜，这种短袜用内

含嵌入式矿物质的纤维制成，可以防止葡萄球菌、克雷白杆菌属、假羊胞菌以及白色念珠菌和运动真菌等细菌的侵入。而且由于矿物质是涂抹或喷洒在袜子上的，所以这种短袜的抗菌保健性能较为持久。

③抗菌性腈纶。

具有抗菌性能的腈纶Biosafe，是在腈纶短纤维内加入抗菌剂，织制成的纤维内部形成许多孔的抗菌面料。该面料增大了接触杂菌的表面积，从而具有极强的抗菌效果。

4.营养织物

由于营养织物使用的目的多种多样，因此根据不同的目的有不同的实现方法，大致可以分为三类：其一是开发含有维生素、氨基酸等物质的营养纤维；其二是用后整理的方法在织物中植入营养物质，使之获得理疗功能；其三是开发负离子产品以缓解人体压力，实现理疗功效。

新型营养织物列举如下：

（1）负离子营养织物。

由日本成功开发出的一项能将天然无机物添加到织物中的工艺，携有这类矿物质的织物Verbanon能够产生负离子。负离子是空气中的维生素，正离子刺激人体，使人感到疲劳，而进入人体的负离子可以提高氧化传递能力，加速代谢作用，减轻疲劳，具有松弛大脑和肌体的效果。

日本推出的负离子产品Ionage，是将放射性矿石微粉化后附着在织物上。纳米化矿石粉中的微量元素可发出低微射线，强度为157mV/年，安全性高，射线对人体会产生刺激效果、负离子效果和水的簇群分解效果，可使细胞活化和复原。

日本有光电子内衣问世，这种内衣穿着时与普通针织内衣一样舒适、弹性强，其中含有陶瓷粉的光电子纤维会发射和吸收远红外线，光电子具有减慢人体排汗速度和促进血液循环的作用。

（2）罗布麻织物。

罗布麻是一种药用的天然野生植物，具有止咳平喘、利肝清热、降低血压的功效。在当前绿色制品的热潮中，由于罗布麻织物织制的针织内衣具有穿着舒适、吸湿散热、改善人体微循环等保健特点，因而受到广大消费者的喜爱。在日本、韩国、意大利等国已掀起罗布麻制品热。罗布麻服装本身具有一定的医疗作用，已有罗布麻保健背心、保健衬衫等系列产品。

(3) 蛹蛋白粘胶长丝织物。

我国开发出一种蛹蛋白粘胶长丝，是用化学方法并用蚕蛹制得的纺丝蛋白质，在一定条件下与粘胶共混纺丝，因蚕蛹含有18种氨基酸，使制成的衣服具有良好的保健护肤功能。

(4) 纳米营养织物。

日本利用纳米技术，开发出含有维生素E和抗衰老成分的新型织物，利用这种织物制成的服装可以保护人体皮肤免受紫外线的伤害。

(5) 美容T恤。

日本推出一种含有氨基酸成分的美容T恤，当人体出汗时，纤维中含有的氨基酸成分就会溶化，从而对皮肤起到润湿的作用。

(6) “磁性布”。

美国已研制出一种“磁性布”，是把具有一定磁场强度的磁性纤维编织在布里，用这种布制成的衣服和枕布等，可以治疗风湿、高血压等疾病。

(7) “莨纱”保健织物。

“莨纱”是一种具有保健功能的新面料，它是将河泥和木瓜混合后一起涂在真丝上，然后在太阳下暴晒制成，这种新型面料可以预防痱子等皮肤病。

5.抗污染织物

抗污染织物不仅能使服装易于保养，更重要的是能使服装减少污染物的入侵，达到卫生保健的目的。开发此类抗污染织物的主要方法有以下三种：

(1) 改变织物的表面结构。

（2）对织物进行“预污染”处理，即使织物吸附无色或与织物同色的人造“污粒”，使真正的污物无处藏身。

（3）对织物进行后整理，在织物表面形成一个由镍、铜等金属或氟纶（Teflon，聚四氟乙烯纤维）构成的覆盖层，使织物具有防污的功能。

抗污染织物实例如下：

a.纳米裤

美国研制出一种不脏不皱的纳米裤。这种纳米裤在裁剪前先将纯棉面料浸泡在一种化学溶剂中，浸泡后的面料布满了无数根极细的毛，这些细毛在面料表面形成一层极薄的空气层，使织物不会产生褶皱，也不吸收液体。

b.汗渍不明显面料

日本生产的Disnoticed是一种使汗渍变得不明显的面料。该面料在坯布表面实施防水加工，但并不是完全上胶涂布，而是制成很多处极薄的防水部分，另外在坯布的背面进行特殊树脂加工，使之可以瞬间吸收和挥发汗水，从而使汗渍变得不明显。

6.其他保健纺织服装用品

（1）药物服装材料。

药物服装材料是医药科学和现代纺织工艺结合的产物。其途径是设法使药物牢固地附着在织物或服装上。如中草药保健服装就是运用中医外治法的原理，在服装的不同部位安装上含不同药物成分的药袋。其中的药物分别含有温中散寒、舒筋活络、祛风燥湿、宣肺化痰的功效。这种服装在人体上穿着后，药物在一定的温度下挥发其有效成分，通过人体穴位和皮肤吸收，从而起到防治疾病的作用。这种服装大部分在冬季使用，对冬季易发作的慢性疾病具有较好的疗效。此外，还可以利用药物功能整理和药物纤维纺丝的方法，织制消炎止痛织物、促进血液循环织物、皮肤止痒织物和止血织物等。

（2）微元生化纤维。

微元生化纤维是一种能够改善人体微循环，对人体多种疾病具有预防效果的纤维。它是将含有多种微量元素的无机材料通过高技术复合，制成超细微粒再添加到化学纤维中而形成的微元生化纤维。该纤维与棉混纺织成的织物，制成服装穿着后可以改善人体的微循环，并对冠心病、心脑血管疾病等有较好的预防和辅助治疗作用，同时对风湿性关节炎、前列腺炎、肩周炎等有消炎作用。

(3) 磁疗服装材料。

将具有一定磁场强度的磁性纤维编织在织物中，使织物带有磁性，利用磁力线的磁场作用与人体磁场相吻合，达到治疗风湿病、高血压等疾病的目的。如采用磁性纤维制作的服装、枕头等对治疗某些疾病有一定的疗效。再如一种磁疗领带，其上安装了永磁材料，可以治疗和预防颈神经痛、失眠、气喘、胃痛等。

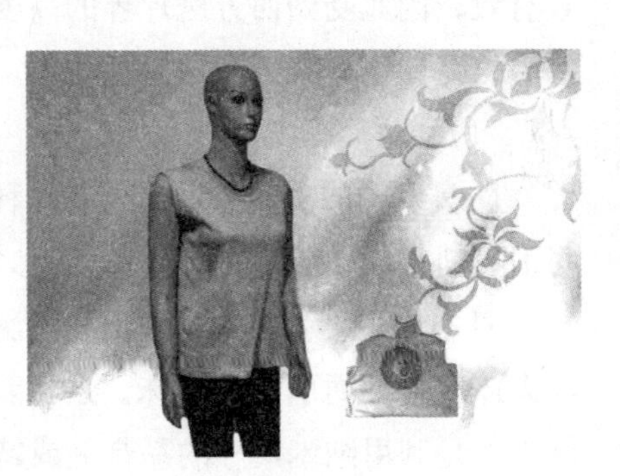

磁疗服装

(4) 电疗织物。

电疗织物是采用变性氯纶织成的弹性织物。当这种织物贴附人体皮肤时，能产生微弱的静电场，可以促进人体各部位的血液循环，疏通气血，活络关节，并可防治风湿性关节炎等病症。

(5) 健身按摩保健服装。

在紧身服装的衬里布上粘有很多乳头状橡胶粒点，穿上这种紧身服运动时，橡胶粒点产生按摩肌肤的作用，从而有疏通经络、减轻疲劳的作用。

此外，离子静电织物、催眠织物、减肥织物等产品，将传统医疗手段与新型材料进行了很好地结合，大大扩展了此类产品的功能领域。

(6) 生命衬衫。

美国研制出一种装有6个传感器的高科技衬衫，能将穿着者的身体状况通过随身携带的微型电脑经互联网随时传给医生。“生命衬衫”上共有6个分别织入领口、腋下、胸骨至腹部位置的传感器，与佩戴在腰带上的

微型电脑连接，将穿着者的心跳、呼吸、心电图及胸、腹腔容积变化等指标，通过微型电脑经互联网传至分析中心，再由分析中心将结果通知用户的医生。

由于“生命衬衫”既可像普通衣物那样进行洗涤，又可使医生及时了解病人的体能状况，尤其对防止心绞痛、睡眠性呼吸暂停等突发性衰竭比较有效，因此受到西方医疗界的高度评价，被誉为“医疗护理业未来发展趋势的路标”。

（7）防臭织物。

防臭织物的实现方法主要有两种，其一是开发除臭纤维，其二是通过将消臭剂与纤维结合的方法来实现。

日本运用纳米技术开发出一种新型除臭聚酯纤维，可以高效、长期消除人体因排汗而引起的体味。这种新推出的除臭纤维被称为Parmafreshy纤维，是利用纳米尺寸的黏合剂或特殊粘合成分将消臭剂附着在聚酯纤维上。这种除臭聚酯纤维制成的织物除臭效果良好，持续时间超过其他除臭产品，30次水洗后仍可保持除臭性能。而且利用纳米技术制成的除臭织物的手感也优于其他除臭产品。

（8）防螨面料。

螨虫是诱发哮喘和过敏症的罪魁祸首。在美国大约有5000万人深受过敏困扰，有1730万人患哮喘病，其中500万人是儿童；至少25%的过敏和50%的哮喘可归因于螨史。而螨虫大量存在于寝具之中，一张双人床垫上的螨虫可达到200万只，并能快速增长。

由于尘螨喜欢生活在温暖潮湿的地方，如床褥、枕头、棉被、床垫、沙发等，靠人体脱落的死皮及汗水为生，而且繁殖力特别强，所以是健康睡眠的大敌。现在防螨的主要方法是化学防螨，即在寝具的表面添加化学试剂以杀死螨虫。而美国生产的Tyvek特卫强却为物理防螨提供了可能性。

Tyvek特卫强是用100%的高密度聚乙烯经闪蒸法工艺制成超细纤维热粘而成的非织造布，具有良好的性能和广泛的用途。如环保性、透气不透水、优良的保暖性能，且质地轻盈、强度高、尺寸稳定性好，并具有出色的柔韧性（很轻易地超过2万次的揉搓）和良好的防护能力（耐腐蚀，防液体、固体和细菌的穿透，耐磨性和防风性均好）。

该产品在上海预防医学研究院进行测试（检字第N6216号）后得出了明确的结果。在Tyvek特卫强制成密封的小袋中盛放50只粉尘螨虫，经过7天后观察，螨虫的存活率仅为23.3%。这充分说明了高科技产品Tyvek特卫强可以减少寝具中的螨虫，是有利于人们健康的产品。

（9）抗血栓的长筒袜。

瑞士一家制袜大型公司成功研究开发出一种具有特殊功能的化纤制品——适合长途飞行穿着的“抗血栓长筒袜”。专家指出，长途飞行中，人一直坐在座位上不活动，甚至在飞行途中以蜷曲的姿态熟睡，可能是导致静脉血栓的直接诱发因素。即便是完全健康的乘客，在长时间的飞行途中不活动，也有一定的风险存在。这家制袜公司新推出的这种特殊功能的长筒袜，极适合长途飞行人员穿着，可以促进乘客的血液循环，减少长时间静坐不动可能使腿部的静脉血管内部形成的一些血凝块。这种“抗血栓长筒袜”已经走向市场。

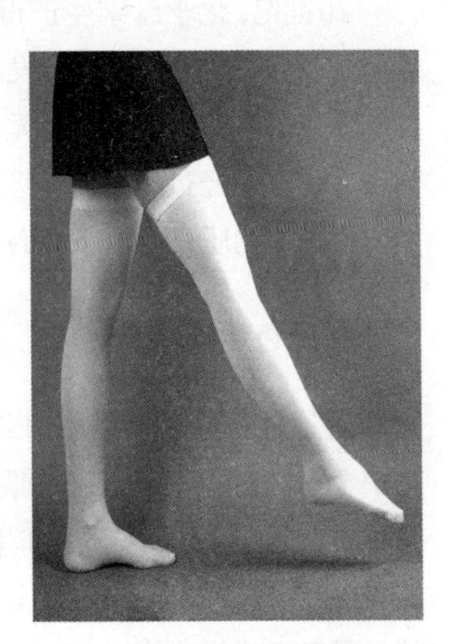

抗血栓的长筒袜

(10)能自然减肥的睡衣。

日本专家为了让肥胖者在睡梦中也能减肥，研制出了一种自然减肥睡衣，对减肥很有效果。

研究这种自然减肥睡衣的专家认为，人的一生大约有1/3的时光是在睡梦中度过的。肥胖者利用这1/3的时间减肥，是个良机。为此，他们设计出了这种轻薄柔软，穿在身上无束缚感的自然减肥睡衣。其原理是：将它穿在身上睡觉时，可使身体保持在33℃～37℃，而这一温度是人体发汗

的最佳温度，能比普通的健康人在睡梦中排出的汗量多3～5倍。如此每天睡梦中大量出汗，当然就能达到减肥的目的。

十、绿色天然纤维

20世纪，化学纤维生产得到飞速发展，其产量已超过天然纤维。但随着人们生活水平的提高，逐渐发现化学纤维的某些缺点，人们又开始青睐天然纤维织物，并且重视保健及无污染面料的应用。但所有天然纤维在成为服装面料之前都要经过织造、染色、整理等加工，这些加工则不可避免地使材料中残留着化学物质。因此，开发绿色天然纤维已成为纺织服装界的发展目标。

1.绿色生态棉纤维

普通棉花在生长过程中会受到杀虫剂、除草剂以及化肥的严重污染。棉花中含有大约35种杀虫剂和除草剂，一些国家的棉花作物一季要喷洒农药30～40次，这些对人体健康和生态环境有害的物质会残留在纤维中，成为潜在的健康危害。越来越多的证据表明，有的人会因为服装而产生过敏反应，甚至引起哮喘等疾病。

为了免除这些公害，在棉花耕种过程中，可以采用有机耕作，以有机农家肥代替化肥，以生态方法防治病虫害。农业科学家还培育出了不施化学药剂而能抗虫害的绿色生态棉花。例如，将从天然细菌芽孢杆菌变种中取出的基因植入棉株中，这样，含有这种基因的棉株会产生对抗毛虫类的有毒蛋白质，可使毛虫在4天内死亡。转变基因后的棉株不再有虫害，也就不需要喷洒杀虫剂了。这种棉花能使以棉株为食的昆虫中毒，但对人和益虫无害。有的科学家培育出的棉籽内不含聚酚化合物等毒素，并消除了棉籽内的怪味，以利食用。还有的科学家培育出了不需人工脱叶的棉花，这种棉花具有遗传性的早期自然脱叶特性，在棉花成熟前两个月，叶子开始变红并逐渐脱落，因而免除了棉花收摘前喷洒落叶剂的过程。

运用以上这些方法生产的转基因棉纤维为纺织服装业提供了新原料，受到了消费者的欢迎。

利用先进的航天技术，在太空中进行棉纤维的基因转移已经获得成功。例如，将羊毛所具有的蛋白基因转移到棉纤维中，可以使棉纤维具有像羊毛一样的弹性功能。据美国农业生活技术公司宣布，他们已成功培育出带有外源基因的“不皱棉花”。这种基因来自能够产生“PHB”聚合物的细菌。将这种细菌的基因导入棉花的细胞中，生长出来的新棉花仍保留原来的吸水、柔软等特性，但其保温性、强度、抗皱性均高于普通棉纤维，用其制成的衬衫可免烫，从而消除了含有大量甲醛的抗皱剂对人体健康的影响。

2.天然彩色棉纤维

普通的棉织品必须经过化学漂染工艺才能变得五颜六色。而使用天然彩色棉纤维制成的纺织品，根本不用化学染整工艺就可以拥有缤纷的色彩，可谓真正意义上的绿色环保产品。所以一经问世，立即受到广大消费者的欢迎。因此，在20世纪80年代前后，彩色棉花的培植及其制品受到了世界各国的普遍重视。

1972年，美国科学家运用转基因技术培育彩色棉获得成功。1994年，我国引进此项技术。目前，世界上开发利用彩色棉的国家有美国、秘鲁、墨西哥、澳大利亚、埃及、法国、巴基斯坦及欧盟国家等。栽培出的彩色棉颜色种类有浅黄、紫粉、粉红、奶油白、咖啡、绿、灰、橙、黄、浅绿和铁红等。

我国四川、甘肃、湖南、新疆等地也开始大批培育、种植天然彩色棉，其品种有棕色、绿色两大系列共5种颜色。这种棉纤维纺纱后可直接用于针织或机织，并成功开发出各种彩色棉服装，包括内衣、睡衣、T恤衫、婴幼儿童装、床单、被褥、毛巾、浴巾、卫生用品等一百多种，并首次获得国家环保总局、中国环境标志产品认证，为我国彩色棉纤维纺织品进入国际市场开辟了道路。

那么如何识别真假彩色棉纤维制品呢？可以按下列简易方法进行识别：

(1)我国天然彩色棉产品多为深、浅不同的棕、绿两类颜色。

(2)天然彩色棉通常颜色不鲜艳，原因是纤维外部有一层蜡状物质和木栓质保护层，因而外观暗淡、柔和。但经水洗（特别是热水加碱）后因木栓质减少，鲜艳度反而会增加。如长期暴露在强光下，由于光化学反应，纤维中的蜡质会变黄。

(3)用显微镜观察其纤维断面，同一种颜色，天然彩色棉应是内深外浅，而用化工染料染成的纤维横断面，则是外表颜色深，而中心颜色浅。

(4)天然彩色棉产品的商品应有认证书，认证书编号为：HIB2-30-001。

常采用的加工方法有：与白色棉纤维混纺、与合成纤维混纺、与其他功能性纤维混纺及以合成纤维长丝为芯纤维进行包缠纺。目前彩棉的不足之处是色彩单调暗淡、品种单一，制成的织物给人以陈旧暗淡的感觉。

3.竹纤维

竹纤维是一种天然纤维。它可以是从竹子中直接获得的竹纤维。也可以是以竹子为原料，利用发明的专利技术，经特殊的高科技工艺处理，把竹子中的纤维素提取出来，再经制胶、纺丝等工序制造的再生纤维素纤维。竹纤维是一种可降解的纤维，在泥土中能够完全分解，对周围环境不造成损害，是比较理想的环保材料。

竹纤维面料之所以受到市场的青睐，不仅是受到回归自然的影响，更重要的是它具有其他纤维无法比拟的优点，如优良的着色性、回弹性、悬垂性、耐磨性、抗菌性，特别是吸湿放湿性、透气性居各纤维之首。竹纤维横截面布满了大大小小的空隙，可以在瞬间吸收并蒸发水分。炎热的夏季穿上竹纤维面料制作的服装，使人感到特别的清凉。因此，竹纤维被誉为“会呼吸的面料”。

竹纤维主要有两大性能，抗菌性和吸湿性，简单介绍如下：

(1)抗菌性能：竹子与其他木材相比，自身就具有抗菌性。在生产过程中，采用高新技术工艺处理，可使抗菌物质不被破坏，始终结合在纤维素大分子上，保持了竹纤维的抗菌性。竹纤维织物经过反复洗涤、日晒也不会失去抗菌作用。另外，因为竹纤维的天然抗菌性，纤维在服用上不会对皮肤造成任何过敏性反应，这与在后整理过程中加入抗菌剂的纤维织物有很大的区别。

竹纤维织物

(2)吸湿性能：运用天然竹纤维生产的纺织产品，其最大的特点是凉爽、柔滑、光泽好、吸湿性好。经测试显示，在100%的相对湿度条件下，竹纤维的回潮率以及回潮速度都是其他纤维无法比拟的。这说明竹纤维比其他纤维具有更优越的吸湿快干性。

竹子自身具有抗菌、抑菌、防紫外线等特征。由竹纤维制成的纺织品，24h抗菌率可达71%，大大高于其他种类的纤维。日本纺织检查协会的检验也证实，由竹纤维制成的面料及纱线具有天然的抗菌作用。

竹纤维纺织品经反复洗涤、日晒后仍保留其固的有优势，这就是竹纤维的自然性和环保性的特性，加上其吸湿性、透气性、悬垂性、抗皱性好及易染色等优点，故所开发的新面料，广泛用作内衣裤、衬衫、运动装和婴儿服装，也是制作夏季各种时装及床单、被褥、毛巾等的理想面料。竹纤维面料还广泛用于床上用品，为寝具业走向功能型开辟了一条新思路。

将普通的野竹皮经过工艺处理，再由人工精心编织，也可以制成保健时装，其防蛀性能极佳。这种从用材、工艺、外观到功能等都十分新颖的时装，如今已成为一些欧美国家的时尚。据介绍，竹衣具体的制作方法是，将竹子抽成丝后，进行特殊的处理，使之既软又韧，再按照设计款式编织而成。

4.其他绿色天然纤维

(1) 白松纤维。

日本推出一种用白松（在北欧等严寒地带生长的针叶树）制成的天然

纤维。这种纤维回潮率高、耐洗性好，其织物具有手感柔和以及除臭性、吸水性强等特点。

（2）生物弹性织物。

意大利推出了一种生物弹性精纺面料，这在世界弹性毛料开发领域很快就引起了轰动。一般来说，纤维能有这么大的弹性时必须掺杂富有弹性的化学纤维，仅羊毛是不可能有如此大的弹性的。而意大利推出的这种织物中不含任何化学剂或其他化学制品，完全为纯天然原料，不仅有利于人体健康，也有利于环境保护，已经获得欧洲环境保护部门的认可。

另外，由于麻纤维具有一种独特的光泽，可以不经漂白、染色等加工即成为直接服用的织物，其天然的色泽十分可人，在国际市场上备受青睐。麻织物手感爽滑，服用性能极好，是综合体现舒适、自然、休闲、环保的上好材料。除了传统的亚麻、苎麻外，大麻、黄麻等其他麻类材料的应用范围也在不断扩大。

（3）彩色蚕丝。

我国利用家蚕自然基因突变个体定向选择培育出金黄色的蚕茧，制成服装后颜色不褪不掉。另外，国内还有报道已经培育出红色蚕茧。

彩色蚕丝

如同彩色棉、彩色蚕丝一样，羊毛和兔毛也有一些具有天然色彩的品种，但应用还不能像彩棉那样普遍。人们对牦牛绒、羊驼绒的开发利用，也取得了较好的效果。牦牛绒通常呈深褐色，手感蓬松，保暖性好，多用于针织物，十分符合今天人们崇尚自然的品位。羊驼绒色彩比较丰富，有黄、棕、褐、咖啡、砖红等色，纤维品质优良，强度和保暖性均优于羊毛和羊绒。尽管开发利用还有一定局限，但已成为在国际市场上深受欢迎的高档品种。

此外，人们还在积极开发菠萝叶纤维、香蕉茎纤维等天然纤维。经处理后的这些天然的纤维素纤维，与其他天然纤维或合成纤维混纺后制成的织物，具有麻织物的风格特点，外观与手感良好。可用作男西服、妇女便装、裙衫、衬衫及室内装饰布等。

第四章

低碳服装业，绿色衣纤维

一、低碳时尚下的时装之路

生活方式的变化，对于服装行业的影响自然深远，但在很多人的主观意识里仍然认为“时尚与环保，天生就是矛盾体”。

正视与思考人—衣—自然的关系，是中国服装行业在可持续发展过程中，首先要思考与解决的问题之一。

发现一：“自然—社会—人—衣”之间已经在冲突与妥协、破坏与建设中互为影响。

针对“人—衣—自然”的问题，其有网友评论说，“人—衣—自然”排序本身就充斥着人本的固化思维，其实以事论事则是人因为自然而着衣，所以应该先考虑自然才是未来着装的大方向。如果将这里所讨论的“人”看成是个体或群体而非整个人类，再略作细化和扩展，合理的排序应是“自然—社会—人—衣”，这四者之间已经在形成冲突与妥协、破坏与建设的互为影响关系。对人、衣和自然而言，唯独自然是最不可能与人或衣实现长期妥协的，“人定胜天”只是一句励志的口号，设定自然为首要考虑对象是时尚和人类可持续发展的当务之急。深入研究“人—衣—自然”的关系，通过科技创新产生既能适应和保护自然，又能满足人文和社会需求的材料、设计、产品和商业模式，是服装人的首要任务及不可推卸的责任。

发现二：低碳时尚，不过是还原人们对服装最根本的感觉与需求。

关于纺织服装行业的低碳环保如果以具象化理论来解释，究竟包含哪些课题或内容，北京大学时尚奢侈品管理人士认为，“纺织服装业针对低碳环保围绕上述自然、社会、人和衣等要素之间的关系来进行，涉及的课题和内容包括：可持续时尚的争议、实践和可行性；科技驱动下的环保时尚体系；可持续与环保时尚潮流预测；快速时尚VS时尚周期延缓；时尚环

保标准和监测；再生纤维与环保面料的开发与使用；有机纺织品和有机纺织科技的应用；服装再利用与再设计；环保时尚产品的开发与经销；社会化环保时尚营销；环保消费者行为分析；现代时尚产业伦理道德；全球时尚产业的社会和环保责任……从国外服装专业的研究来看，与之相关的课题其实很多，但从我们国家的现状来说，基本没有太涉及，或者说多数还停留在研究阶段，并没有在行业转变发展过程中，起到实际作用”。

“国外很多设计师们都在绞尽脑汁去创造，不仅仅是所谓的创意与款式，而是在想到如何以改变原料作为遵循‘低碳时尚’的最初原则，不仅把环保的意识散发到时尚中，更让时尚变得平民和低调”。严骏从对比中认为，我们与国际品牌在对设计创意的理解上还有很大的差距。

这部分人士也举出了些很明显的例子，比如说，GUESS推出以有机棉制造的环保男女装牛仔裤，在营销中，它在强调这款牛仔裤除了以有机棉制造外，每条裤子的洗水过程，也用上极少量的化学物质及简单的冲洗方式，就连商标也以百分百再造纸及大豆制的油墨印制，从头到尾符合环保原则。H&M推出的有机棉服装涵盖了从内衣到外套各个种类，并专门悬挂了“有机棉”商标，以示区分。

但看中国服装企业，有多少品牌在选购面料开始在意自己的供应商是否具备有机纺织品认证的资格？又有哪些纺织企业，在开发并取得国际OE认证？我们是否需要对环保消费者的行为做出准确的分析与判断，来建议我们的设计师来考虑服装再利用与再设计，当我们也学着去做环保时尚产品的开发与经销后，是否应该更注重关于产品的社会化环保时尚营销？

发现三：国内企业对外国同行相关的人文价值成分、设计生产资源、零售经销战略等缺乏深入了解。

关于低碳时尚，全球的纺织服装企业都开始思考与行动，但严骏也发现：“中国纺织服装产业还没将环保时尚落在实处。产业链上真正涉及上述环保时尚课题的企业恐怕屈指可数，这是值得有关部门、行业协会和企业加以重视的。”

除看到我们在低碳时尚的迎合过程中还有很大距离外，严骏还发现：

整个服装行业对人文关注所做的努力远比不上对当前利益的追逐，这也是有实力进军国际市场的中国品牌，无法顺利扩展的阻碍之一，“一些人文基础领域的工作，包括对中外服装历史和服装理论的研究，都还局限在学术层面，而没有深入到市场层面。服装与身份、服装与地理、服装与政治、服装与人体、服装与艺术等人文领域的成果，普遍难以得到应用，这和行业的整体关注度及媒体的传播导向有很大关系。更值得注意的是，国内企业对外国同行所做的关注，主要是放在设计、产品和口碑上，对其相关的人文价值成分、设计生产资源、零售经销战略等缺乏深入了解。大部分国内企业不熟悉国际时尚产业人文背景及其市场和消费者的构成与特点，导致有实力进军国际市场的服装大鳄们依然受限于本土发展。我曾和欧美业内专家讨论过中国服装企业在本土做大做强后，是否能自然而然取得国际时尚话语权？他们都认为以中国企业当下对国际市场的认知以及受中国制造的困扰，中国服装品牌成为世界领先时尚品牌的路途还很遥远。

发现四：领先时尚奢侈品品牌在加速环保建设，快时尚或许将在低碳时尚中终结。

不时尚的“快时尚”

时至今日，环保时尚逐步进入时尚主流，也有人提出：作为时尚达人，选择低碳生活最好的方式就是拒绝快时尚。据报道，一条约400克重的涤纶裤，在我国生产原料，在印度尼西亚制作成衣，最后运到英国出售。假设其使用寿命为两年，共用洗衣机洗涤92次，洗后用烘干机烘干，再平均花两分钟熨烫。那么，它“一生”消耗的能量所排放的二氧化碳大约为47千克，是其自身重量的117倍。毫无疑问，快时尚在环保主义者眼中非但不时尚，反而十分过时。

二、低碳服装的影响

环保一直是一个老生常谈的话题，而近年来由国际气候会议引起的“低碳经济”热潮就是环保的升级版，当全球人口数量和经济规模不断增长，当全球气候变暖对人类生存和发展构成严峻挑战，低碳经济也就必须应运而生了，其实这不是一个突发性的学术概念而是人类经济社会发展的必然趋势，在人类历史长河的进程中，当世界经济发展与人类生存环境也就是我们居住的地球产生矛盾时甚至到矛盾尖锐时，我们必须以可预见性的高度的责任感和使命感来平衡人类历史前进的车轮，走一条可持续的健康的发展道路。抛却地球上的国家间利益的博弈，这也是人类的共同利益所在，是大势所趋。

低碳服装符合“绿色经济”

低碳经济是一个宽泛的概念，它存在于人类社会生产、生活、发展的各个方面，存在于生活中的每一个细节，标志着人类生存发展观念的一个质的改变。在这里作为服装行业的从业者，低碳服装是我们关注的一个重要话题。低碳服装也是一个环保概念，内容很宽泛，它包括我们在消耗全部服装过程中产生的碳排放总量更低的方法，包括选用碳排放量低的服装，选用可循环利用材料制成的服装，也包括增加服装利用率减小服装消耗总量的方法等等，涵盖了服装生产的整个过程，如生产过程中的材料选择、纤维提取、染色、布料加工、成衣制作、洗涤、熨烫、包装、运输、消费、穿着、废弃处理等一系列过程，在这个过程中都会产生碳排放。低碳服装的直接结果就是减少了碳排放和污染。

低碳服装符合以新能源和环保为主旨的“绿色经济”，在全球金融危机和人类气候变暖的大背景下，它将是服装业经济增长的一个有利引擎。作为服装产业中的一员，作为一个服装企业，低碳服装绝对不是一个可以视之为炒作的噱头，它将是一种全新的不断发展的时尚理念，是服装企业具有高度社会责任感的体现。当然，低碳服装作为一种时尚理念或是技术课题在生产、生活实际中的融入将是一个循序渐进的过程。

1.服装生产

从服装企业生产角度来讲，可以因地制宜在能源环节上进行创新，如利用太阳能、风能、生物能等低碳的可再生能源或其他清洁能源，替代传统的高碳的化石能源。在选择服装生产材料时，服装企业可以研发新技术，开发低碳生产材料，改良化学染料，研发可回收再利用的纤维，将纤维生产、染色等环节对环境的损害降到最低。技术研发将是低碳服装发展的基础，具备了新技术，服装企业才会占领更大的市场，节省更多的成本，甚至解决当前国际上经常存在的贸易技术壁垒问题。我想，致力于技术创新的具有高度社会责任感的企业将是纺织服装产业链转型升级的主力军，是最后的胜利者。在未来的国际服装市场中“中国制造”必将是一张金名片。

2．服装消费

作为服装商家或是终端销售来说，我们可以围绕低碳服装的理念增加服装的增值服务，比如指导顾客如何搭配衣着，怎样一衣多搭既可时尚又可节约，商家品牌设立回收旧衣的营销体系，给予优惠鼓励购买低碳服装等等。

作为占有绝对数量的消费者，我们可以自己动手设计制作衣服，在日常的生活中减少购买服装的频率、争取一衣多穿。尽量选择环保面料和环保款式。减少洗涤次数，用手洗代替机洗。旧的衣服可以加工翻新，也可以和别人互赠互穿等。这也将会给消费者带来很多穿衣的乐趣，增添生活情趣。

作为明星和社会名人，在一定程度上，在某种范围内，具有重要的影响力和引导作用，建议明星名人在代言服装时尽量代言环保的低碳服装，在给自己带来财富的同时也体现了一个明星的社会责任感。我想，现在不同年龄段的人群几乎都具有自己的偶像或是熟知的人物，这些人对喜欢或是关注他的人群具有不同程度的影响力和引导作用，这种作用是不可小视的。

作为服装设计师，他们有着艺术表现的疯狂、高瞻远瞩的热情、灵魂塑造的欲望和追求卓越的努力，他们在某种程度上能引领时尚，能感知潮流。我建议服装设计师们站在服装业历史的高度，用他们的才能创造新的时尚，把不断向前发展变化的时尚理念融入低碳服装，融入真实的生活中。服装设计师在自己的链条上完全可以创造出绿色时尚文化，让更多的人树立低碳消费观念，而不是让某些没有意义的、事件性的、快餐性的时尚文化占据主流进而背离主流。

作为当今很火的网购和服装电子商务，是不是也可以从环保低碳的角度去创立一种营销思路和服装消费体系呢，通过网络平台来引导商家、消费者生产和购买低碳服装，倡导低碳环保理念，做到生意兴隆和环保低碳的有机结合。

低碳服装是在一定程度折射了人类生存发展观念的改变，是消费理念的进步，是创造财富的新领地。如果你的服装企业想做百年名企，如果你的服装品牌想成为传世经典，如果你想让自己和衣装更美丽，那么请微笑问候吧：“今天，你低碳了吗?”。

三、纺织衣料的分类

服装业向低碳化转变是时代发展的必然趋势，作为消费者的我们就要掌握和分辨好衣料的材质，从而来应对低碳时代的来临。

1.根据原料分类

（1）纯纺织物。

纯纺织物是由一种纤维纺纱所织成的织物。这类织物可以体现构成织物的纤维的基本特性，例如，纯棉布、纯麻布、真丝绸、纯毛花呢、涤丝绸等。

（2）混纺织物。

混纺织物是由两种或两种以上纤维混纺成纱所织成的织物。这类织物可以体现构成织物的不同纤维的优越性能，通过改变其混纺比来达到性能优化，以适应服装的不同需求。例如，涤／棉细布、毛／涤花呢、涤／麻平布、毛／腈／粘粗花呢等。

棉绒布

（3）交织物。

交织物是指采用两组不同原料或不同结构的纱线所织成的织物。这类织物可以具有经纬向各异的特性，也可以具有表面肌理变化的特性。例如，经纱用人造丝，纬纱用棉纱所织的美丽绸；经纱用苎麻纱，纬纱中一组用真丝，一组用苎麻所织的丝麻缎等。

2.根据纱线结构分类

(1) 单纱织物。单纱织物是由单纱织成的织物。这类织物手感柔软，且容易进行表面的起绒整理。例如，棉绒布、巴厘纱、法兰绒等。

(2) 全线织物。全线织物是由股线织成的织物。这类织物手感硬挺，结实耐用，例如，全线卡其、线绢等。

(3) 半线织物。半线织物是由单纱和股线交织而成的织物。这类织物多数是经用股线，纬用单线，体现出织物的经向强度高、挺括的特点，例如，半线卡其、半线华达呢等。

(4) 花式线织物。花式线织物是由各种花式线与股线交织而成的织物。这类织物由各种花式线的不同结构，不同花色构成丰富多彩的外观，体现织物表面的凹凸、光泽、色彩等变化，例如，结子花呢、珠圈女衣呢、七彩绒呢等。

(5) 长丝织物。长丝织物是由天然纤维长丝或化学纤维长丝织成的织物。这类织物手感柔软、光滑、光泽明亮，不起毛、不起球，轻薄飘逸，例如，真丝软缎、涤丝绸等。

3.根据织物结构特征分类

(1) 机织物。机织物是由互相垂直的两组纱线（经纱和纬纱）交织而成的织物。这类织物的特征是结构比较紧密，不易脱散，便于剪裁，且表面平整，经向与纬向拉伸变形较小，便于表面涂层、覆层以及热压定型整理，是各种功能面料理想的底布材料。由于其交织纱线的原料、结构、密度、配色和织物组织的变化，因此可以形成多种不同的外观风格，是服装外衣面料中最常用的织物类型。根据其织物组织结构又可分为：平纹织物、斜纹织物、缎纹织物、小花纹织物、提花织物、起绒织物等。

(2) 针织物。针织物是由织针使纱线构成线圈横列后，再以不同的线圈串套方式完成线圈纵向连接而形成的织物，分为纬编针织物和经编针织物两种类型。纬编针织物由一根（或几根）纱线沿织物纬向依次成圈并与相邻线圈横列串套连接而成，其共性特点是每一线圈横列由一根纱线构成，因而其横向延伸性较大，容易沿横向脱散。单面高密度的纬编针织物容易卷边，会给服装裁剪带来不便。由于这类织物手感柔软，结构疏松，透气性好，形态稳定性差，热定型效果不如机织面料，所以常用作内衣、运动装以及休闲装的衣料。例如，汗布、棉毛布、涤盖棉布等。经编针织物由一组（或几组）横向排列的纱线沿织物经向同时纵向串套成圈而形成的，其共性特点是多以合纤长丝为原料，成品经热定型处理，所以织物表面平整光洁，色彩鲜艳牢固，形态稳定性好，易于剪裁，但吸湿性差，容易产生静电，且单面经编针织物容易沿纵向脱散，所以单面经编针织物常用作涂层衣料或黏合衬的底布，双面经编花色针织物则多用于外衣面料、衬里及花边等。例如，针织涤纶哔叽、涤纶网眼布、涤丝花边等。

涤纶网眼布

（3）非织造织物。非织造布不采用传统的纺纱织布过程，是由单一或混合的纤维层经机械或化学的方法加固而构成的纺织品。由其加固方法的不同可形成外观与用途完全不同的非织造布，例如，用于服装衬垫材料的针刺棉、领底呢、胸绒等针刺型无纺布；用于黏合衬底布或仿皮革涂层底布的热熔黏合型无纺布；用于一次性使用的用即弃内衣面料的纤维成圈结构无纺布等。

4.根据染整方法分类

（1）原色织物。原色织物是未经印染加工的本色织物，也称白坯布。

（2）漂白织物。漂白织物是由白坯布经练漂加工而成的洁白色织物，也称漂白布。

(3) 染色织物。染色织物是由坯布经匹染加工而成的素色织物。例如，卡其、华达呢等。

(4) 色织物。色织物是用染色纱线织成的花色织物，其表面花色取决于色纱的组合与织物的组织结构。例如，花呢、色织府绸等。

(5) 印花织物。印花织物是由白坯布经练漂加工后表面用色浆套印花纹而成的花色织物。例如，印花哔叽、印花棉布等。

(6) 特殊整理织物。特殊整理织物是在普通织物的表面进行轧花、拉毛、植绒、发泡起花、涂层等特殊加工或水洗、砂洗、压褶等特殊整理的织物。特殊整理的织物由于其独特的外观和功能而广泛用于各类流行时装。例如，轧花棉布、棉绉布、PU革、PVC革、水洗布等。

 四、天然纤维衣料的品种识别

1.棉织物品种

(1) 棉织物的服用特性。

棉织物是用纯棉纱线织成的，其性能特点除了体现了棉纤维的物化性能和加工性能外，还受其织造工艺及后整理方式的影响。其共性如下。

棉纱线

①棉织物吸湿性能好，缩水率在4%～10%左右。

②棉织物染色性能好，可用直接染料、硫化染料、还原染料等上染着色，但染色牢度稍差，日晒、皂洗等均易褪色。

③棉织物耐碱不耐酸，可用碱性洗涤剂洗涤污垢，并可利用纤维

在20%NaOH强碱液中膨胀、收缩的特点对棉布作丝光整理。而无机酸却能使纤维素水解，使织物破损。

④棉布在户外日光和空气作用下容易产生缓慢氧化，导致其强度下降，高温下易碳化分解，遇火易燃。

⑤棉布不易虫蛀，但在潮湿的环境中易受微生物侵蚀而霉烂。

⑥棉织物手感柔软，但形态稳定性差，容易褶皱。

（2）棉织物品种及其风格特征

①平纹类棉织物由于采用平纹组织织造，纱线在织物中交织点多，织物表面平整，挺括坚牢，耐磨，且正反面外观结构相同。常见的品种有：

a.平布：一般用单纱织造，密度在200～380根/10cm左右，虽经密略高于纬密，但经纬密度彼此差异小，由于经纬组织点数相同，织物表面经纬纱的覆盖面也相同，呈现等支持面织物的特点，因此布面组织结构清晰、均匀丰满、平整光洁，可用作印染或手工扎染、蜡染的坯布，也是各种涂层面料理想的底布。平布根据构成织物的纱线粗细不同，又可分为三种：细平布的经纬纱特数在20tex以下，布身轻薄、柔软、光洁，漂白或印花的细平布用于衬衫或裙装；中平布的经纬纱特数在21～32tex，布面平整，结构较密实，手感柔韧，原色中平布适合做扎染、蜡染加工，也常用作衬布或立体裁剪的样布，染色中平布则多用于休闲衫裤或罩衫；粗平布的经纬纱特数在32tex以上，布身厚实、坚牢耐用，外观质地较粗糙，漂染后可用于春秋外衣或机绣装饰等。

b.府绸：是细特高密织物，纱线特数范围29～14.5tex，经向紧度高于平布，纬向紧度低于平布，经纬向紧度比为5：3。由于经纬密度差异大，织物中纬纱处于较平直状态，经纱屈曲程度较大，且由于经、纬纱之间的挤压，使布面所见的经纱呈菱形颗粒状，并构成了经纱支持面。府绸

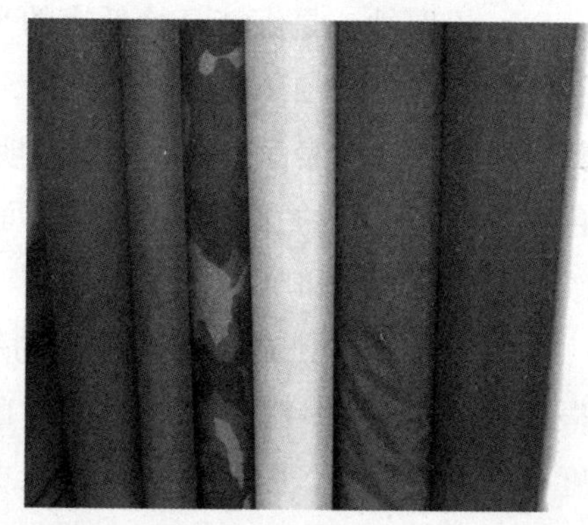

牛津布

的表面质地细密，光洁匀整，手感挺括、滑爽，有印染和色织条格等花色品种，根据所用纱线的品质，有精梳全线府绸，也有普梳纱府绸，适用于不同档次的衬衫及裙装。其中采用细经粗纬织造的全线厚府绸又称罗缎，由于经纱采用10tex×2～6tex×2，纬纱采用42tex×2～10tex×2，经密几乎是纬密的一倍，因此布面经纱不仅颗粒效应明显，还由于较粗纬纱的排列使布面产生平纹菱条，质地紧密、结实，手感硬挺、滑爽，成为具有特殊风格的外衣或风衣面料。

c.牛津布：是采用平纹或方平组织、色经白纬为特色的棉织物，一般经密大于纬密，用29～13tex纱织造。牛津布布面平整，手感挺括，光洁，质地坚实，似中平布的质感，但由于经纱用的是染色纱，更多的是采用蓝色纱，纬纱用的是漂白纱，因此布面呈现蓝白相间的混色效果，多用作衬衫面料。

d.麻纱：是采用纬重平等平纹变化组织，高支高捻纱织成的中密型棉织物，经纬纱密度相近，在260～315根/10cm左右，纱线特数19.5～14.5tex。由于重平组织产生类似粗纱和细纱相间织造的平纹布效果，仿造麻织物纱线条干不均所产生的表面肌理，再加细特高捻纱织物所特有的手感滑爽、挺括，轻薄透气的特点，使之成为既有棉布触感又有麻布外观的特色纺织品。麻纱经染色印花后多用于夏装及内衣等。

e.巴厘纱：是细特高捻低密的平纹棉织物，纱线特数14.5～12tex，经纬纱密度196～236根/10cm左右，结构稀薄，经纬纱的屈曲很不稳定，裁边易脱散，但表面平整，轻薄透明且手感挺括、滑爽，透气透湿，经染色印花后是很好的女装内衣或衬衣面料。根据织造所用的纱线结构，巴厘纱有全线、半线和单纱之分。

f.麦士林纱：是超细特低密的平纹单纱棉织物，经纬密度315～354根/10cm，经纬纱特数7.5～5tex，布面匀净，孔隙清晰，轻薄柔软，透明度高，凉爽透气，因其细特单纱的结构，手感比巴厘纱更为柔软，是棉织物中最轻薄的品种，染色后可用于裙装、褶边等。

g.泡泡纱：是布面呈现泡状凸起外观的棉织物的统称，属于单纱平纹中厚型棉织物。其表面的泡状凸起因加工方式的不同而有不同的外观特性，例如，织布时经纱采用两种大小不同的张力，下机后会由于纱线内应力的作用使较大张力的纱线回缩，而使较小张力的纱线部分呈松弛凸起状，形成经向条形有规律的泡状外观，这种泡泡纱不会在穿用或洗涤过程中变形。染整时利用烧碱液在布面印花，则会使棉布表面接触烧碱的部位产生急剧收缩，而周围呈花形凸起的泡状外观，这种泡泡纱往往经过多次洗涤后，泡状便逐渐消失。泡泡纱一般是经纱特数高于纬纱，经纱密度低于纬纱，由于其轻薄凉爽、柔软透气、洗后免烫和特色的泡状花纹，广泛用于夏装及室内装饰。

h.棉绉纱：是布面呈现绉缩不平外观的棉织物的统称。棉绉纱是单纱平纹薄型棉织物，其表面皱纹主要是经纬纱使用了不同捻向强捻纱的各种组合，利用其退捻力矩和织物组织的特点，使布面产生了各种风格的皱纹。例如，仅纬纱使用单一捻向的强捻纱，可形成经向细长皱纹的凸条绉；纬纱使用不同捻向强捻纱两两交替与经纱交织，可形成均匀、细密皱纹的棉双绉；纬纱以4~8根不同捻向的强捻纱交替织入，可形成斜向皱纹的凤织绉。还有在纬纱中间隔织入氨纶包芯纱，由于其弹力回缩而产生布面绉纹的弹力纱绉。棉绉纱以染色和色织的品种为主，吸湿透气，结构细密，手感绵软，表面皱纹匀整，洗后免烫，更多地用于夏季休闲衫裤面料。

在识别以上平纹类棉织物品种时，平布、府绸、牛津布都是光洁表面，不透明的平纹织物，其中牛津布由于其色织形成的混色外观而容易识别，全线、半线或色织的府绸也容易区别于平布，因为平布只有单纱品种。一般较难判定的是平布与普梳纱府绸，这两种织物的外观特点是：平布组织点比较方正，结构稍松，而府绸组织点呈菱形颗粒状，结构较紧密。麻纱、巴厘纱、麦士林纱都是透通型棉织物，其中麻纱属于半透明织物，表面似麻布，略显粗糙；而巴厘纱和麦尔纱都是透明织物，表面平整、细洁，但巴厘纱有全线、半线和单纱品种，且纱线捻度高，手感挺括、滑爽，麦尔纱只用单纱织造，纱线捻度低，手感绵软，易褶皱。泡泡

纱和棉绉纱都是表面具有特殊肌理的织物，但是一为凸起的泡状外观，另一为细密的皱纹外观，更加容易识别。

②斜纹类棉织物由于采用斜纹组织织造，织物表面呈现斜向纹路，而且织物正反面斜向不同，因密度较高，又多为股线织造，因而坚实耐用。

③缎纹类织物由于采用缎纹组织织造，经、纬纱交织次数少，布面由经纱或纬纱的浮长线覆盖，表面光滑，光泽好，手感柔软。

a.横贡缎：是五枚三飞纬面缎纹组织的棉织物，经纱用14.5tex单纱或14tex×2股线，纬纱用10～7.5tex的烧毛纱，纬密大于经密，一般经丝光整理和染色、印花，布面由纬纱覆盖，有丝绸般的光泽，手感绵软，富有弹性，多用于女装或室内装饰。

b.直贡呢：是五枚或八枚经面缎纹组织的棉织物，有纱直贡和线直贡两个品种，纱直贡经、纬纱特数为36～18tex，线直贡经用14tex×2股线，纬用28tex单纱，直贡呢因经密大于纬密，且经、纬向紧度比约为3：2，其结构比横贡缎紧密，布面由经纱覆盖，平整光滑，富有光泽，手感厚实、柔韧，一般染色品种以黑、蓝色为主，也有印花品种，适用于外衣、风衣、鞋面用料及室内装饰。

④其他组织棉织物。

a.线呢：是色织的全线或半线花色棉织物。可用各种结子线、混色线、金银线等花色线配合各种小花纹组织和变化组织织造出丰富多彩的布面外观，由于经纱密度大于纬密，织物表面呈现由经纱形成的凸起花纹，质地厚实坚牢，富有弹性，适用于作外衣及童装面料。

b.平绒：是经起毛组织的立绒面棉织物，采用双层重平组织织造，起绒经纱交替与上下层底布交织，割断双层底布之间的绒经后，烧毛、轧光而形成细密平整的短绒表面，光泽柔和，手感柔软，不易起皱，不露底纹。有匹染和印花的品种，适用于女装、童装。

c.灯芯绒：是纬起毛组织的条绒面棉织物。采用一组经纱与两组纬纱交织，其中起绒的毛纬与经纱交织时，在织物表面形成由浮长线和固结点构成的经向有规律的宽条，经割绒、烧毛、刷毛、轧光等整理后，织物表面呈凸起的绒条，光泽柔和，手感柔软，绒条圆直，纹路清晰，质地坚牢耐磨，有匹染、印花的品种。根据布面绒条的密度即每2.5cm宽度内的绒条数的多少，又分为阔条（小于6条）、粗条（6～8条）、细条(9～20条)、特细条(20条以上)四种类型，适用于休闲服装及童装。

灯芯绒裤子

d.绒布：是表面经过机械起绒加工的绒面棉织物。坯布一般采用平纹或斜纹组织，弱捻单纱织造，因表面用刺辊拉绒，布面形成一层柔软的绒毛，布身紧密，底纹清晰，手感柔软、富有弹性。根据其起绒形式，分单面绒和双面绒两种，品种多样，有染色、印花绒布，也有色织的条、格绒布，适用于做衬衣、睡衣及童装。以上四种棉织物，由于外观特征明显，均可根据布面结构来识别。

（3）棉织物的品种编号。

不同品种的纺织品都有规格、原料成分、加工工艺和质量等方面的差异。为了便于经营管理，每个品种名称都对应一个品号，当服装生产需要成批购进面料时，也可根据品号识别和确定面料的品种。

2.麻织物品种

（1）麻织物的服用特性。

服用麻织物主要有亚麻织物和苎麻织物，其共性特征如下：

麻织物吸湿性好，导热性能优良，触摸有凉感。

麻织物染色性好，但色牢度稍差，原色麻坯布不易漂白，染色麻布外观色泽较暗淡。

麻织物较棉布硬挺，抗皱及弹性较好，强度较高，且湿态强度高于干态强度。

麻织物耐碱不耐酸，但抗潮耐腐蚀，不虫蛀，不霉变。

麻织物由于纱线条干不均，光洁的布面上会形成特有的线状凸纹。

（2）麻织物的品种及风格特征。

①纯麻织物。

纯麻平布：是采用平纹组织单纱织造的麻织物，经密稍高于纬密，织物总紧度小于棉平布，品种有用12.5～10tex纱织的苎麻细纺，用27.8～31.3tex纱织的亚麻细布，手工织造的纯苎麻平布也称夏布，以原色、漂白和匹染的色彩为主，手感挺括凉爽，织物表面平整光洁，透通性好，多用作夏季衬衫及手帕、绣品底布等。

纯麻爽丽纱：是采用细特纱织造的平纹低密麻织物，采用特殊的工艺处理，用水溶性维纶纤维与麻的混纺纱织成布后，再在后整理中溶去维纶纤维，得到经、纬同为10tex的超细薄透明麻织物，布面平整光洁，纱线条干均匀，毛羽少，手感滑爽挺括，透通性好，是比较高档的衬衣面料。

因麻与棉的原料特性相似，麻纯纺品种常按棉的某些品种的组织结构特点和纱特数来织造，因此也有麻坚固呢、麻绉纱、麻斜纹布等品种。

②混纺麻织物。

涤麻混纺布：较多采用平纹或斜纹组织织造，一般利用涤纶短纤，有光涤纶或细旦涤纶等与麻混纺，使布面呈现出不同原料所表现出的光泽感、飘逸感等特殊风格，并且采用不同的混纺比，可以使织物性能得到改善。例如，混纺比65/35的涤/麻混纺布手感挺爽，易洗快干，结实耐用，不易褶皱，透气透湿，并且布面平整光洁，适用于外衣面料。

天然纤维

麻棉混纺布：较多采用平纹组织，经、纬纱为33.3tex或25tex，经、纬向紧度比为3：2，类似粗平布的外观，风格粗犷，平整厚实，吸湿透气，手感如棉布般柔软，以漂白和匹染为主，可用作夏装面料。

③交织麻织物：交织麻织物是麻纱与棉纱、真丝、人造丝等交织而成的织物统称。通常麻纱作纬纱，其他原料的纱线作经纱，采用匹染或色织。例如，亚麻或苎麻与棉纱交织的平纹中平布、粗平布；丝与亚麻纱交织的宽条缎面外观的丝麻缎；人造丝与亚麻交织的丝麻绸；还有麻、棉、氨纶包芯弹力纱交织的弹力布等。外观新颖，手感柔软、有弹力，坚固耐用，适用于各种外衣、工装与休闲装。

3.毛织物品种

毛织物又称呢绒，是以羊毛为主要原料纯纺或与兔毛、驼毛等其他毛纤维混纺的织物，分精纺和粗纺两大类，精纺毛织物是采用精梳纯毛或混纺毛纱织造的全线、半线织物，多为光洁表面。粗纺毛织物是采用粗梳纯毛或混纺毛单纱织造的织物，根据结构风格，分为纹面、呢面、绒面、松结构四种外观类型。其共性特征如下：

毛织物

毛织物不易导热，吸湿性好，粗纺呢绒厚实保暖，精纺呢绒轻薄滑爽。

毛织物具有较好的弹性和抗皱性，容易熨烫定型定褶。

毛织物耐酸不耐碱，在浓烧碱中会溶解。染色性能好。

毛织物耐脏污，但易被虫蛀，热水洗涤后会产生“缩绒”现象。

4.丝织物品种

（1）丝织物的服用特性。

以桑蚕丝或柞蚕丝为主要原料织成的丝织物称为真丝织物或纯丝织物。此外也有用粘胶原料的人造丝或合纤丝与蚕丝交织的品种。丝织物具有以下共同特性：

真丝织物有很好的吸湿性，缩水率在8%～10%。

真丝织物色白细腻，手感柔软，表面光滑，光泽柔和明亮。

真丝织物的强度、耐热性均优于毛织物，但抗皱性和耐光性较差。

真丝织物耐酸不耐碱，染色性能好，宜用中性洗剂洗涤。

真丝织物柔软但容易摩擦起毛，柞丝织物表面发黄较粗糙，绢丝织物表面较挺爽，手感涩滞，化纤仿真丝织物光泽好、耐磨，但织物透明，易产生静电，不吸湿，手感柔滑。

（2）丝织物的品种及风格特征。

①缎类主要特征是地组织全部或大部采用缎纹组织，具有光泽的缎面外观，经丝用精练丝加弱捻，纬丝用不加捻的生丝或精练丝。主要品种有：

软缎：一般采用22/24.2dtex（20/22旦)精练厂丝做经纱，132dtex（120旦）有光人造丝做纬纱，以八枚经面缎纹组织、色经白纬交织而成。缎面经丝浮长线构成平滑光亮、色彩柔和、细密柔软的外观，反面则由人造丝构成呈细斜纹状的外观。其素织的品种称素软缎，在表面加以印花的称印花软缎，在表面提出纬面缎纹花的称花软缎。适用于女装华服、礼服面料。

织锦缎和古香缎：一般采用22/24.2dtex(20/22旦)加捻丝作经纱，132dtex(120旦)有光人造丝作纬纱，以八枚经面缎为地组织、纬三重提花组织织造，纬丝的色彩在三色以上，织品正面呈现精美细巧的花纹，多彩的图案，豪华富丽，适用于女装旗袍、礼服等面料。织锦缎和古香缎两者的区别在于，织锦缎表面图案以花鸟楼台巧布缎面，纬密较高且纬丝以一根地纬两根纹纬交替织入，反面呈现由不同颜色人造丝形成的宽色条，手感柔软厚实。古香缎表面图案以四方连续的传统重彩民族图案和古雅的山水风景为主，纬密低于织锦缎，且纬丝以两根地纬一根纹纬交替织入，反面呈现以地纬为主的素色，隐约可辨与正面相同的花形轮廓，手感柔糯。

②绫类主要特征是采用斜纹或变化斜纹组织，外观有明显斜纹纹路。

广绫：采用22/24.2dtex（20/22旦）中级厂丝作经纱，4～6根22/24.2dtex(20/22旦)厂丝并合为纬纱，以八枚缎纹组织织成素广绫，以缎地提花组织织成花广绫，表面斜纹明显，色光艳丽，织物比软缎轻薄，适用作夏装面料，花广绫还可用来装裱字画。

采芝绫：采用22/24.2dtex（20/22旦)厂丝和132dtex(120旦)人造丝，以斜纹组织交织而成，形成经面缎地提小花纹的特征，由于其色彩艳丽，风格独特，多用于女装和童装棉服面料。

③罗类主要特征是采用纱罗组织，外观有绞经结构形成的排列整齐等距的孔眼。

杭罗：采用2根88～110dtex（80～100旦）并合土丝或3根55～77dtex(50～70旦)并合厂丝，以平纹地的纱罗组织织造，每间隔织入几根纬纱就绞经一次，形成布面上纱罗状孔眼。杭罗以匹染素色产品为主，孔眼沿经向排列的称为直罗，孔眼沿纬向排列的称为横罗，根据每行孔眼条纹间隔平纹组织的纬纱数又分为十三纬罗、十五纬罗等。杭罗质地紧密结实，吸湿透气，手感挺爽，适用于夏季衬衫面料。

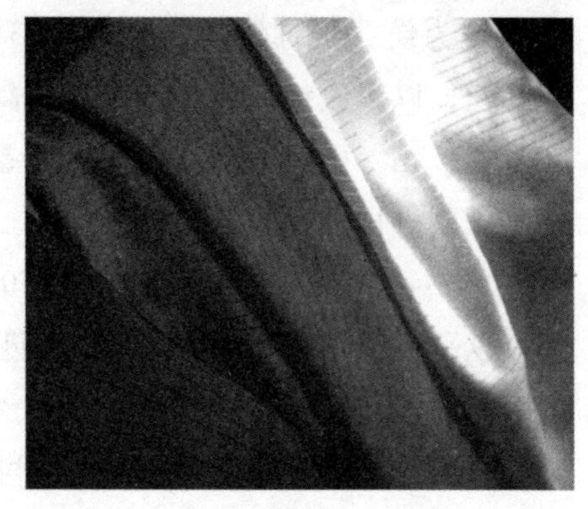

杭罗

花罗：其绞经按一定的规律变化交织，形成以花纹图案排列的孔眼构成的花罗外观，具有与杭罗同样的质地，用做夏装面料。

④纱类主要特征是采用纱组织、平纹或平纹变化组织，低密度、轻薄、透明。

乔其纱：采用2根22/24.2dtex (20/22旦)强捻合股丝作经纬纱，以平纹组织织成，由于经纬纱均以不同的捻向两两相间排列，致使漂练过程中布面由捻缩等因素造成收缩而产生细密均匀的绉纹，成为绉面外观的透明丝织品，其手感柔软，轻薄飘逸，有匹染和印花品种，适合作夏季女裙及上衣面料。

香云纱：也称莨纱，采用30.8 /33dtex(28/30旦)桑蚕丝与22/24.2dtex(20/22旦)桑蚕丝合股强捻作经纱，用6根22/24.2dtex(20/22旦)桑蚕丝捻合作纬纱，以平纹地小花纹组织织造，坯纱用薯莨浸液反复涂布、干燥等拷制处理，形成表面乌黑油亮，手感爽滑，吸湿透气，质地轻薄透凉的特殊风格，但折边及表面穿久后易受摩擦脱胶露出褐红底色，适用于夏季上衣等面料。

⑤纺类主要特征是采用平纹组织，密度高于纱类，但经纬丝不加捻或弱捻，织物不透明而表面平整。

电力纺：也称纺绸，采用2～3根22/24.2dtex(20/22旦)并合桑丝为经纬丝，以平纹组织织成，密度较高，虽是丝织品中最轻薄的织品，重量20～70g/m^2，但不透明，质地光滑飘逸，手感柔软，有匹染和印花之分，适于作夏衬衫、女裙等面料。

杭纺：采用3根55/77dtex (50/70旦)并合土丝或低级厂丝为经、纬丝，以平纹组织织造的生织绸，以匹染素色为主，质地坚韧，绸面细密、平整光洁，手感厚实挺括，适合作衬衫面料。

绢丝纺

绢丝纺：采用桑蚕丝下脚短丝经绢纺加捻所得的合股丝线为原料，经、纬丝为210/2公支或140/2公支，以平纹组织织成，经染色、印花等后整理，质地轻薄，手感柔糯，光泽柔和，适合作上衣面料。

富春纺：采用有光人造丝作经、人造短纤纱作纬织造的平纹印花织物，光泽好，抗皱性差，适合作夏装面料。

⑥绡类主要特征是采用平纹或假纱罗组织，经、纬用不加捻或弱捻的双股丝线，织物表面平整、完全透明。

真丝绡：又称平素绡，采用平纹组织，以22/24.2dtex(20/22旦)厂丝捻合丝为经、纬纱，织后经染色和树脂整理，质地稀薄透明，色彩柔和，手感挺括光滑，适用于时装、婚纱等面料。

双管绡：采用经三重组织织造，地经、地纬丝均用2根22/24.2dtex(20/22旦)合捻丝织成平纹地，纹经用132dtex(120旦)有光人造丝在平纹地上起经面缎纹花，花型边缘以平纹组织与地组织交织固结，下机后剪去花间未与地组织交织的浮经，形成完全透明的地布上衬托朵朵立体花型的特色外观，适用于做时装面料。

⑦绉类是用平经绉纬织造的平纹或用绉组织织成的表面有皱纹的紧密型丝织物。

双绉：采用22/24.2dtex(20/22旦)生丝作经丝，44/48.4dtex(40/44旦)强捻生丝作纬丝，以平纹组织织成，纬丝以两两不同的捻向相间织入，经漂练后捻缩使织物表面产生细密皱纹，质地轻柔，富有弹性，外观似乔其纱但不透明，品种有染色和ED花之分，一般用作夏季女装面料。

碧绉：也是平经绉纬的平纹丝织物，但是纬丝采用相同捻向的3合股强捻丝，漂练后织物表面具有均匀的呈螺旋状的粗斜纹皱，质地厚实，柔软，表面光泽好，富有弹性，手感滑爽，多为染色的品种，适用于女装外衣，夏装面料。

留香绉：经丝采用2根22/ 24.2dtex(20/22旦)厂丝合股和82.5dtex(75旦)有光人造丝，纬丝采用3根22/24.2dtex(20/22旦)合股强捻丝，以绉地提花组织交织而成，形成暗色绉地上起亮花的外观，质地厚实坚牢，手感滑爽，适用于作女装面料。

⑧绢类是采用桑蚕丝与人造丝交织的平纹小花纹组织织物。

天香绢：采用22/24.2dtex（20/22旦)厂丝为经丝，132dtex（120旦）有光人造丝为纬丝，以小花纹组织织成，绢面的平纹地上提有纬面缎纹散花，花纹闪亮明显，与稍暗的地纹相衬，质地细密轻薄，手感柔软，适用于作女装面料。

挖花绢：采用2根22/24.2dtex（20/22旦)厂丝加捻作经丝，132dtex（120旦）有光人造丝作纬丝，在平纹地上提起的缎纹花中嵌以色彩绚丽的手工挖花，外观似刺绣品的风格，适用于作女装及戏装面料。

⑨锦类主要特征是采用缎纹组织与重经、重纬组织的配合色织出多彩绚丽、典雅古朴的传统纹样图案，质地比缎类略薄，织品反面呈现与正面经、纬配色相反的花纹。

宋锦：属于纬三重起花重纬织锦，多用唐宋时期的传统纹样，图案多为规矩格子、几何图形、嵌花或散花形等，纹样繁复，配色古朴，多用深调色彩，具有宋代织锦的风格，适用于作女装面料和装裱字画、锦盒等。

云锦：采用经面缎纹为地组织，重纬构成表面花纹，图案色彩变化多样，纹样有大朵缠枝花和各种云纹，用色浓淡对比，常以片金勾边，白色相间和色晕过渡，民族风格浓郁。代表品种有纹纬采用分段换色，在经、纬方向上呈现逐花异色效果的妆花锦；有纹纬全用金银线织成，表面金光闪烁或银光璀璨的库锦等。

蜀锦：采用缎面提花，经、纬异色交织，以文字、抽象花纹图字模为主，虽色彩不如云锦丰富但寓意独特。代表品种有表面提出团花“寿”字或“卍”字，以求吉祥如意的万寿锦；有表面由色白相间的经丝形成明亮对比渐变条纹的雨丝锦；有细小花纹底上嵌以大朵花卉并以金线点缀的铺地锦等。

蜀锦

⑩绨类主要特征是用人造丝与棉纱交织、密度低且结构简单，一般用平纹或小花纹组织的织物。代表品种有经用132dtex

（120旦）有光人造丝，纬用14tex×2棉蜡线织造的平纹地表面经起花外观的蜡线绨，质地稀松，手感粗糙发硬，结实耐磨，经染色为暗地亮花的外观，适用于做棉衣面料。

⑪葛类主要特征是采用经密纬疏、经细纬粗的平纹或斜纹组织的组合织物，外观呈现纬向凸条纹。

特号葛：采用2根22/24.2dtex （20/22旦)桑蚕丝合股作经，4根22/24.2dtex(20/22旦)桑蚕丝合股作纬，平纹地提缎纹花织成，正面为平纹且纬纱形成凸条，反面为缎背，质地柔软，坚实耐用，适用于棉衣及罩衫面料。

兰地葛：采用22/24.2dtex(20/22旦)厂丝作经，丝光棉纱作纬，以平纹变化组织交织，正面呈细螺纹，反面似缎背的织物，质地粗厚，手感滑爽，布面光泽好，适用于作休闲装面料。

⑫绒类主要特征是用桑蚕丝与人造丝交织经起毛形成毛绒表面。

乔其丝绒：采用2股22/24.2dtex(20/22旦)强捻生丝做地经、地纬，毛经用132dtex（120旦）有光人造丝，以经起毛组织交织成绒坯，经割绒整理后形成表面绒毛光亮，顺经向倾斜的细密绒面。染色或印花后，外观华丽美观，光彩夺目，适用于做女装礼服面料。

立绒：是底经、底纬用捻合厂丝，毛经用人造丝以经起毛组织织成后再割绒的绒面织品，与乔其丝绒不同的是立绒表面绒毛短密呈直立状，光泽柔和，绒面平整，手感有弹性，染色后高雅华贵，适用于做高级时装及晚装礼服面料。

⑬呢类主要特征是经纬丝线较粗，经用多股捻合丝，纬用人造短纤纱，以变化组织织成，仿毛呢外观。质地丰厚松软，光泽柔和，手感柔糯，有弹性似呢的毛型感，适用于做外衣面料。其代表品种有采用平经、绉纬织成的暗花绉地的大卫呢；有经丝用不同捻向排列织成的条影呢等。

⑭绸类是不具备以上品种特征的丝织物的总称。常见的品种有：

塔夫绸：采用22/24.2dtex （20/22旦)A级厂丝以平纹地小花纹组织织成的高级衣用绸，质地紧密，手感细软，绸面光滑细洁，光泽柔和，表面

花纹精巧、清晰、光亮，有漂色、染色和印花的品种，适用于夏装面料。

花线春：也称大绸，经纱用22/24.2dtex(20/22旦)合股厂丝，纬纱用140/2公支或120/2公支绢纺纱或棉纱，以小花纹组织织成，布面形成光亮的满地碎花或图案，质地比塔夫绸厚实，但不细密，手感挺爽，坚牢耐用，多以染色整理，适用于夏季裙装。

绵绸

绵绸：经、纬均用短纤绢纺纱线，以平纹织成，绸面由于纱条粗细不匀、疙疙瘩瘩、显得粗糙，手感厚实、柔糯，质地紧密，有染色和印花的品种，适用于做夏季休闲装面料。

美丽绸：经纬均用132dtex（120旦)有光人造丝以匹染产品为主。绸面呈光泽明亮的细斜纹纹路，手感滑爽，而反面暗淡无亮，斜纹不清晰。美丽绸不透明，易起皱，缩水大，适用于做服装里料。

柞丝绸：以柞蚕丝为原料，经纱用1.3～1.7tex×2股线，纬纱用1.7～2tex×2股线，或经、纬均用7.8tex双股线、结子线等以平纹、斜纹等组织织成，本色略黄，质地粗糙厚实，绸面稍有光泽，手感挺括，适用于做休闲装面料。

五、化纤及混纺衣料的品种识别

1.粘胶及其混纺织物

（1）织物的服用特性。

粘胶纤维织物具有类似天然纤维织物的舒适特性，其短纤维织物称为人造棉，有光或无光长丝织物称为人造丝，其吸湿性、染色性和织物外观都可与天然棉、丝织物媲美。其服用特性如下：

粘纤织物吸湿性与染色性是化纤织物中最好的。

粘纤织物手感柔软，悬垂性好，容易熨烫整形。

粘纤织物湿态强力较低，缩水率大，且色牢度差，不耐洗。

粘纤长丝织物表面光洁，光泽亮丽，可形成各种闪光、反光的装饰效果。

粘纤织物回弹性、抗皱性均差，穿用中极易变形，出现皱褶。

改性粘纤织物经过化学处理可使其提高耐磨性，减小缩水率，并改善手感与弹性，其中以高湿模量粘纤织物为特色。

(2) 粘胶及混纺织物的品种特点。

①人造棉织物采用细度、长度与天然棉纤维相仿的粘胶短纤纺纱，然后按棉布的品种规格与组织结构特征织成的仿棉型织物。其色彩、织纹、质地与手感均与棉布相仿，只是服装的保形性、耐穿性不如棉布，价格便宜。例如，用1.32～1.65dtex(1.2～1.5旦)、长度32～38mm的粘胶短纤纺成14～28tex纱织的人造棉平布；用2.2～2.75dtex(2.0～2.5旦)、长度51～75毫米的粘胶中长纤维纺成14tex×2～28tex×2股线色织的人造棉线呢等。

涤纶纤维

②人造丝织物采用细度与天然蚕丝相近的粘胶有光或无光长丝，按照丝绸织物的规格与组织结构特征织成的仿真丝织物。其厚度、表面光洁度、质地与手感接近真丝织物，但由于其褶皱回弹性差，且表面光泽不如真丝织物那样柔和自然，所以大多采用有光人造长丝与棉纱交织的平纹、斜纹类薄型素色织物，用于衣里较多。例如，用132dtex(120旦)无光粘胶长丝织成的平纹组织人造丝无光纺绸；用132dtex(120旦)有光粘胶长丝织成的斜纹美丽绸；用132dtex(120旦)有光粘胶长丝作经纱与14tex×2棉线

交织的斜纹羽纱等。

③粘胶混纺织物是采用细度、长度均与棉或毛纤维相近的粘胶短纤与其他纤维混纺成纱织成的织物。粘胶混纺织物仍采用原天然纤维织物的品名。粘胶与棉、毛纤维混纺，可以改善纯棉或纯毛织物的吸湿性、耐磨性与悬垂性，且降低织物成本。例如，采用50/50混比纱织的粘/棉平布；采用70/30混比纱织的毛/粘华达呢；采用30/70混比纱织的毛/粘粗花呢等品种。粘胶与涤纶混纺，可以增加织物的吸湿性，改善其染色性和手感，减少静电，降低织物成本。如采用异型粘胶短纤，其织物外观更具毛感，达到和毛织物相近的效果。例如，采用高卷曲粘胶短纤与涤纶短纤以67/33混比纺纱织成毛／粘凡立丁；采用高湿模量人造纤维与涤纶短纤以70/30混比纺纱织成涤／粘闪光花呢等。

2.涤纶及其混纺织物

（1）纶织物的服用特性。

涤纶纤维因其高强度低弹力以及易洗耐用、易于加工的特点，成为纺织中应用最多的合成纤维，其织物即有纯纺的特色品种，又有混纺而改善性能的传统品种，其主要的共同特性如下：

①涤纶织物具有较高的强度和弹性恢复能力，耐用、抗皱，手感挺括。

②涤纶织物具有良好的热塑性，容易热定型加工裥褶等，保形持久，一般适合喷水湿熨，但在200℃以上高温易收缩，以致熔融。

③涤纶织物吸湿性差，易产生静电吸尘沾污，但易洗快干，免烫。

④涤纶织物多用分散染料染色，所以色彩鲜亮，色牢度高，洗涤不褪色。

⑤涤纶织物不易虫蛀、霉蚀，耐化学性优于天然纤维织物。

⑥涤长丝织物表面光滑，光泽明亮，但薄型织物比较透明，且裁边容易脱散。涤短纤织物毛型感好，但表面摩擦后容易起毛结球。

（2）涤纶及混纺织物的品种特点。

①涤纶纺丝绸织物一般以初始模量和比重都与蚕丝相近的细特涤纶

长丝为主要原料。采用三角形截面的异型涤纶纤维，外形与蚕丝相仿，织物外观有真丝般柔和的光泽；对涤纶织物进行碱减量整理，可仿造蚕丝脱胶现象，使织物具有真丝的手感，柔糯而有弹性；仿照丝绸品种的组织与原料规格，采用大缩率织物结构和低张力织造等技术，使织物具有真丝绸的外观花色与悬垂性。现代纺织技术可以使涤纶仿真丝绸的品种达到“以假乱真”的效果，而且具有真丝织物所不具备的优良服用性能，形成涤丝绸所特有的外观风格。例如，采用圆形截面的涤长丝为经、纬丝并嵌入金银丝线而织成的晶莹透明的金银丝绡；采用异型涤纶长丝并合为经、纬丝织成的平纹素色雪纺；采用无捻有光涤纶长丝为经丝，强捻涤纶长丝为纬丝且以不同捻向两两相间排列织成的仿双绉类平纹印花珠丽纹；采用细特强捻无光涤纶长丝为经、纬丝，且均以不同捻向相间排列织成的低密平纹仿乔其绡类品种柔姿纱；采用有光涤纶长丝与涤纶短纤混纺纱交织的各种仿绸类平纹地小花纹组织的涤爽绸；采用有光涤纶长丝作经、纬纱，以纬面缎纹组织织成的仿素软缎品种素丝缎等。此外，利用涤纶的化学加工特性，还可生产出特色涤丝绸织物，例如，采用易收缩性超细涤纶纤维并合丝织成的涤丝纺，经过碱减量、磨绒、砂洗等染整加工后，可以使织物产生光泽柔和、轻盈柔软有弹性，表面似桃皮般绒感的特殊风格，称为桃皮绒织物。采用阳离子可染型涤纶短纤与普通涤纶短混纺纱作经纱，用涤纶长丝作纬纱织成的涤丝纺，经过染色后，由于着色不同，使织物经向产生雨丝般暗色条纹，似水洗石磨后褪色的效果，称为水洗丝织物。采用涤纶长丝作地经地纬、有光粘胶人造丝作绒经，以经起毛组织织成的乔其丝绒经印染和酸液印花加工后，可使部分绒经被酸液腐蚀掉而露出透明的底布，形成如同薄纱上刺绣了朵朵绒花外观的烂花乔其丝绒。

②涤纶仿毛织物涤纶仿毛织物一般有两类，其一是利用涤纶低弹丝、涤纶网络丝等为原料，仿精纺毛织物的品种织造，具有毛型感强，纹路清晰，挺括有弹性，抗起球、耐洗涤等特点。例如，采用148.5dtex（135旦）/30F低弹涤纶长丝经过烧毛、湿蒸、定型或树脂整理等全松式染整工艺加工所生产的涤弹华达呢，又称弹力呢；采用在丝条上有密染节点的

低弹涤纶网络丝为原料，以平纹、斜纹及变化组织色织的各种涤花呢；采用粗细节变形花式涤纶丝，以平纹、重平组织织成的竹节涤花呢；采用阳离子可染涤纶短纤混纺纱织成的表面有暗色细条纹的阳离子花呢等。其二是利用异型截面混纤丝、异收缩涤纶膨体纱、涤纶珠圈空气变形丝等为原料，仿粗纺毛织物的品种织造，具有光泽柔和，厚实松软，形态稳定，毛感强等特点。采用表面拉毛整理，还可形成如同缩绒后的粗纺毛织物外观。例如，采用细特涤纶异型截面混纤丝为原料织成的，具有近似羊绒般柔软细腻手感的涤丝毛呢；采用异收缩涤纶膨体纱，以平纹变化组织或小花纹组织色织的仿毛松结构女士呢；采用涤纶珠圈变形丝和涤纶低弹网络丝交织成的仿粗花呢类仿毛圈绒呢等。

③涤纶仿麻织物一般采用涤纶短纤纺成条干不匀或捻度不匀的花式纱，采用平纹、方平等组织织成表面有似麻纱的粗节，手感挺括，坚实耐磨的仿麻织品。例如，低密平纹的涤纶结子纱织物涤麻纱；用混色涤纶强捻纱以方平组织织成的仿麻摩力克；采用50%改性涤纶与50%普通涤纶强捻合股纱，以平纹组织织成的表面有颗粒状凸纹外观的仿麻巴拿马等。

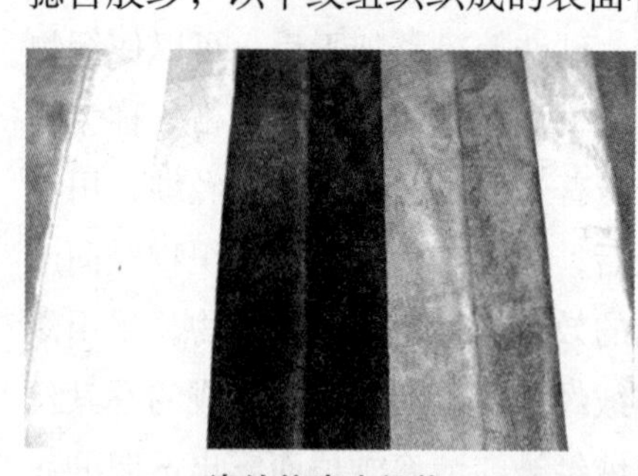
涤纶仿麂皮织物

④涤纶仿麂皮织物是采用超细涤纶纤维网型无纺织物或涤纶超细纤维并合丝织成的斜纹织物为基布，经聚氨酯弹性体溶液浸渍和起毛、磨绒等后整理而成的。具有麂皮般细腻的绒面，柔软而弹性极好的手感，又称作人造麂皮。

⑤涤纶混纺织物涤纶短纤可以与其他各种短纤混纺，用以增加织物的强度、耐磨性和抗皱性，使织物具有挺括、易洗、免烫的服用特点，并可得到风格独特的织品。

棉型混纺织物大多采用1.32～1.65dtex（1.2～1.5旦）、长度32～42mm的棉型涤纶短纤与棉纤维混纺，涤／棉多以65/35混纺，以棉布的品种规格织成，织物名称仍用棉布原有名称，例如，涤／棉细布、涤／棉府绸、涤／棉巴厘纱、涤／棉卡其等等。如采用涤纶长丝外包覆棉纤维而形成的包芯纱来织涤／棉细布，可以使织物外观和舒适性与纯棉细布几乎完全相同，但强度大大增加。在这种布面上进行酸液印花加工，使部分棉纤维腐蚀掉，则成表面疏密相衬，凹凸相嵌的立体花纹效果，称作涤／棉烂花布。

毛型混纺织物大多采用3.3～5.5dtex(3～5旦)、长度64～100mm的涤纶纤维与羊毛混纺，或者，采用2.2～3.3dtex(2～3旦)，长度51～76mm的涤纶中长纤维与粘胶、腈纶等混纺，按照毛织物的品种规格织造，后者常称作中长纤维仿毛织物。由于中长纤维织物原料完全用化学纤维，织物表面光泽较强，手感挺括而不活络，毛型感不突出，所以常在松式染整之后作树脂整理，使之表面平整、弹性增加，定型能力加强。例如，以毛／涤混纺比为70/30织成的毛／涤花呢，毛／涤凡立丁，以毛／涤混纺比为80/20织成的毛／涤啥味呢，以涤／粘或涤／腈混纺比65/35或55/45织成的中长纤维花呢等。

3.锦纶及其混纺织物

（1）锦纶织物的服用特性。

因锦纶长丝的拉伸弹性和耐用性优良，在针织休闲运动装衣料中使用较多，纯锦纶机织物则多为仿丝绸品种。主要特性如下。

①锦纶织物的耐磨性是最好的，强度高而耐用。

②锦纶织物的吸湿性及染色性好于涤纶，形态保持性不如涤纶织物，容易压皱。

③锦纶织物弹性恢复性好，纤维蓬松，手感较柔软，长丝织品裁片边缘易脱丝。

④锦纶织物（耐）热性、耐光性均差，属于热敏性织物，适于喷水熨

烫，熔点温度低于涤纶。

⑤锦纶织物耐化学性较好，但接触强酸易溶洞破损。

(2) 锦纶及其混纺织物品种特点。

锦纶织物

①纯锦纶织物采用半光锦纶长丝为原料，仿照丝绸的品种组织规格织造，织物表面光洁，手感挺爽，质地轻柔飘逸，色彩艳丽，多用于夏季衬衫、裙装及仿冬服面料。例如，用121dtex（110旦）锦纶长丝作经、纬纱织成的平纹高密塔夫绸，经表面轧花和防水整理后，又可成为表面有凹凸轧花图形、防水透气、柔软光滑的轧花防水塔夫绸；用55dtex(50旦)半光锦纶强捻丝作经、纬纱，并以不同捻向相间排列仿真丝双绉织成的锦纶绉等。

②锦纶混纺织物一般以锦纶短纤与羊毛或其他中长纤维混纺纱为原料生产仿毛织物较多。此外也有利用锦纶的染色性、热缩性及弹性与其他纤维的差别，在交织后进行特殊的染整工艺而形成特色风格的交织物。例如，锦纶、粘胶、羊毛以40/40/20混纺比纱织成的平纹仿毛隐条三合一花呢；采用锦纶丝、金银花色线与棉纱交织的锦云绸等。

4.腈纶及其混纺织物

(1) 腈纶织物的服用特性。

腈纶纤维因具有良好的弹性和蓬松性被喻为毛型合成纤维，其织物多为仿毛品种，其主要特性如下：

①腈纶织物弹性好，膨松度与羊毛织物相仿，隔热性甚至高过羊毛

织物。

②腈纶织物着色性好，染色色谱全，色彩艳丽且不易褪色。

③腈纶织物吸湿性、耐磨性均差，易生静电。

④腈纶织物的耐光性是合纤中最好的，适用于各类户外装面料。

⑤腈纶织物抗皱性较好，易洗免烫。

（2）腈纶及其混纺织物品种特征。

①纯腈纶织物采用腈纶中长纤维或膨体纱、花式线，仿粗纺毛织物的品种规格织造。例如，以腈纶膨体纱为原料，采取平纹及变化组织色织的腈纶膨体大衣呢，色彩艳丽，手感柔软轻盈，经拉毛整理后呈绒面外观，丰厚而保暖；采用腈纶中长纤维纱为原料或嵌入腈纶圈圈纱等花式线，采用绉组织或小花纹组织色织的腈纶女士呢、腈纶粗花呢等。

②腈纶混纺及交织物腈纶中长纤维常作为羊毛的代用品同其他纤维混纺制织仿毛织物，同时腈纶纤维也常以70/30、60/40、50/50的混纺比与毛混纺制织腈/毛织物，用以改善毛织物的特性。毛腈混纺产品色彩鲜艳，花色丰富，织物强度高，耐日光性好，并减小了毛织物的缩绒缩水性，降低织物成本。例如，采用腈粘中长纤维混纺比为50/50的混纺纱，采用腈/涤中长纤维混纺、色织的仿毛条花呢；采用腈/毛混纺比为70/30或55/45的混纺纱织成的女衣呢、女士呢、花呢等品种。此外，还可用棉纱为针织底布用纱，以腈纶纱作为衬垫绒纱织成各种花色的腈纶驼绒；用涤纶或棉纱作底经、底纬，用腈纶纱作毛经织成经起毛组织的腈纶长毛绒等，这类绒面交织织物具有仿毛外观，柔软保暖，轻便有弹性，而且色彩多样，明亮艳丽，多用于女式外套面料。

5.维纶混纺织物

（1）维纶织物的服用特性。

维纶又被喻为合成棉花，因其织物保形性、染色性差，多与棉混纺织布。其特性如下：

①纤维截面与棉纤相仿，因此织物吸湿性较好，且外观光泽、手感也

维纶织物

接近天然棉织物。

②维纶染色性能极差，色彩以黑、蓝、灰为主色。

③维纶织物悬垂性好，手感柔软，但抗皱性差。

④维纶织物耐热性差，只适合干熨，湿熨则会产生热缩。

⑤维纶织物耐磨、耐酸碱性均好。

（2）维纶混纺织物品种特征。

维纶混纺织物主要是采用棉型维纶短纤与棉混纺成纱，按照棉织物的品种规格制织而成，品名仍采用原棉织物名称，例如，用混比50/50或35/65的维／棉混纺纱织成的平纹组织织物维／棉平布；用混比为70/30或50/50的维棉混纺纱线，维／棉全线华达呢等，比纯棉布更柔软、更坚实耐磨，其白坯布可用作衬里、兜布等，耐洗耐用，匹染成深素色或混色的外观，可用于工装、外衣及低档服装面料。

6.丙纶混纺织物

（1）丙纶织物的服用特性。

丙纶是合成纤维中比重最小的纤维，因此，纯丙纶织物轻飘而悬垂性差，多用于装饰窗帘布等，而服装面料则以丙纶混纺织物为主，其织物特性如下：

①丙纶织物强度及耐磨性好，因此其混纺产品的耐磨性也相应得到提高。

②丙纶织物熔点较低，耐热性差，只能低温熨烫。

③丙纶织物耐光性差，不能暴晒。

④丙纶织物几乎不吸湿，易洗快干，易产生静电。

⑤丙纶质轻但可纺性好，与天然棉、毛纤维混纺可降低织物成本。

（2）丙纶混纺织物的品种特征。

丙纶混纺织物有几种类型，与棉混纺用以增加棉织物的强度和耐磨性；与毛混纺用以减小毛织物的厚重感，增加保暖性，特别是质轻的丙纶仿毛型短纤与羊绒质感相仿，混纺的羊绒纱仍可保持羊绒的特色，从而可以使生产成本大大降低。例如，采用50/50混纺比的丙/棉混纺纱以平纹组织织成的丙棉细布，采用原液染色的98tex丙纶毛圈网络纱制织的丙纶帕丽绒大衣呢；用丙纶艺术毛圈线与毛纱交织的小花纹组织纹面毛/丙女士呢，以及在羊绒毛中混纺10%～20%丙绒短纤制织的羊绒大衣呢等。

7.氨纶混纺织物

(1) 氨纶织物的服用特性。

氨纶织物

氨纶是所有合纤中弹性最好的纤维，被喻为“橡筋”纤维，由于其长丝的伸缩弹性极佳，一般常与其他纤维混纺成包芯纱或与其他纤维纱线交织成各种弹力织物。其共同特性如下：

氨纶织物一般具有15%～45%的伸缩弹性。

氨纶织物光泽柔和，吸湿性好。适合于以芯线的方式与毛混纺，纺制弹性织物。

氨纶织物耐热性及耐酸性较差，强度低，不如其他合纤织品耐用。

（2）氨纶弹力织物的品种及主要特征。

氨纶弹力织物主要有几种类型，一种是用氨纶长丝为芯，外包棉纤维的棉型氨纶包芯纱生产的仿棉型弹力织物。经、纬纱全用棉型氨纶包芯

纱可织成双向弹力棉织物，纬或经纱用包芯纱与棉纱可交织成单向弹力织物，该类织物具有与棉织物相同的外观、手感与舒适性，但沿氨纶包芯纱织入方向有较大的拉伸弹性，可适用于紧身、合体、活动机能好的服装面料。例如，采用77dtex(70旦)棉氨纶包芯纱织成的弹力灯芯绒、弹力卡其、弹力坚固呢等棉型织物。另一种是以氨纶长丝为芯，外包羊毛短纤维的毛型氨纶包芯纱纺织而成的仿毛型弹力织物，该类织物具有毛织物的外观与风格，手感更为蓬松有弹性，例如，经纱用纯毛股线，纬纱用15.8tex×3毛／氨纶包芯纱织成的斜纹纬弹力啥味呢；经纱用毛／锦混纺纱，纬纱用毛／氨纶包芯纱织成的平纹弹力花呢等。

8.特种功能衣料

与传统衣料相比，特种功能衣料是纺织高科技和产品设计新创意的完美体现，大大改善了人与空间环境及社会环境的融合能力，使服装更适合于人的心理和生理舒适需求，其装饰功能已不仅仅限于衣料花色外观给人的视觉感受，而是多方位地满足人的感官需求；其防护功能已不再是仅着眼于自然环境中人体安全的需要，而是赋予服装抵御非自然因素对人体的伤害的能力；服装的保健功能提高了人类抵御疾病的能力，甚至起到了辅助医疗的作用。特种功能衣料种类繁多，现仅就主要品种介绍如下：

(1) 装饰功能衣料品种特点。

①变色衣料可采用三种方法使衣料在穿用过程中不断变幻色泽，令人耳目一新。一是在织物表层涂抹仿生材料。如在液态树脂黏合剂或印染浆中混入大量直径为0.002mm左右的微胶囊，内贮因温度或光线而变色的液晶材料和染料，使用这种织物做成的服装，根据人体各个接触部位温度的不同而出现霓虹灯般的色彩。二是利用特殊的纤维原料——闪光变色纤维织成的衣料，可吸收和储存日光、灯光，在黑暗处放射出不同颜色的光芒。在舞厅等场合在黑光灯照射下使其色彩变化。三是利用加有夜光磷等的涂料印花，这种织物在黑暗处会发出磷光。

②香味衣料采用渗入法将芳香物质渗入纤维内部或将香料封入微胶囊

中，经树脂或印染整理时使胶囊固定在纤维上，纺纱织布后，使织物香味慢慢散发，沁人心脾，并能净化空气。茉莉、柠檬、桉树的香味能醒脑提神，清除疲劳，促进记忆；柑橘、山楂的香味能开胸理气，增进食欲；樟脑、松木的香味能令人轻松，治疗偏头痛；香茅油、薄荷油、丁香油等均是灭菌除臭之良剂，可以净化空气。

③光照反射衣料在织物表面涂敷三层材料可以使衣料表面具有沿入射方向回归反射光线的功能。其里层为铝薄膜层，中间是由直径为70～80μm的高反射率玻璃微珠组成密度达10000粒／cm^2的微珠层，表层是树脂层，在黑暗中如用灯光照射在织物表面，在灯后看去该织物则反射回同样亮度的光。因此该衣料成为夜间交通、建筑等职业标志的服装面料，也用于舞台表演服装。

（2）防护功能衣料特点。

①阻燃衣料采用特种纤维织成的耐火、耐高温衣料，一般是用碳素纤维、芳纶纤维、PBI纤维等耐火纤维混纺织布，质轻、强度高、热膨胀系数小，可耐450℃以上高温不燃烧、不熔化；若采用磷酸二氢铵和尿素处理后可作防火布，耐火烧。

②反光反热衣料是在高温负压下利用蒸着法将金属镀在化纤底布上，表层经涂布保护层制成的，又称做“金属布”。其金属表面对可见光和近红外线具有较强的反射能力，可把低频或高频电子射线、紫外线及其他射线的能级降低为千万分之一，即可抵御有害射线又能隔热，且质轻、透气、有弹性、表面光泽强，也可作为装饰性的时装面料。

防辐射衣料

③防辐射衣料采用化学方法在聚合物中加入铅等重金属离子生产的纤维，再制成针刺棉等无纺布衣料，可防200×104eVβ粒子和20×104eV量子射线的辐射，避免人体灼烧，且透气、形

态稳定、耐洗耐用。

④防毒衣料将一种具有迅速吸毒能力的碳粒织进织物里层而形成防毒织物，或者将布用含氯化物的化学品加以处理，再将其送进含有二氧化碳的炉中加热至600℃～800℃，使布碳化变得有活性，能吸入有毒气体，透滤空气，因此可用作化学工业和防化兵的防护服面料。

⑤防弹衣料采用比钢丝强度高5～6倍的芳纶纤维或采用轻质陶瓷纤维与玻璃钢、复合材料等编织成防弹服，抗冲击能力强且断裂强度高，不易变形，质感厚而柔韧。近年来，美国科研人员利用生物工程方法，使用昆虫病毒改变蜘蛛的遗传基因，培育能吐出金黄色蛛丝的巴拿马蜘蛛，将这种蛛丝用工业方式制造出十分坚固、抗连续冲击、抗碎裂扩展的编织物，可有效地防子弹近距离直射，弹性极好，轻盈耐用。

⑥防尘衣料是用合纤长丝嵌入锌和钢的再生物加工的金属纤维织成的高密度、表面光滑的衣料，由于金属纤维的导电性优良，该织物不会产生静电，因此不易吸附灰尘，并且污垢也无法渗入表面，从而保持衣料长久清洁。

⑦调温衣料是利用某些材料随温度变化的特性，使衣料能储存热量来达到保暖调温的效果，采用调温衣料可使冬装更为轻便，夏装更为凉爽。一种衣料是采用具有吸光蓄热性能的碳化锆为原料，制成的日光系纤维织物，可将光能转化为热能，同时又能储存人体的热辐射；另一种是在织物表面作防水涂层加工时，将大量含有防水的硫酸钠微胶囊混入其中涂抹在织物表面，遇热时，布内所含的盐成分贮热而逐渐变为液体，使体感温度下降；遇冷时，硫酸钠逐渐固化，释放出所蓄的热量，使体感温度上升。还有利用聚乙烯乙二醇的化学制剂对普通棉布进行处理，这种衣料遇热时，聚合物分子链链结松开，膨胀而吸热，使体感温度下降，遇冷时，聚合物分子链链结重新盘结，收缩而放热，使体感温度上升。

(3) 保健功能衣料品种特点。

①微元素织物以高科技手段开发的微元生化纤维为原料，这种纤维是采用特殊添加技术，将1μm以下的无机矿石超细粉末和微量元素加入到化

学纤维原料中，通过纺丝加工织成微元素织物。该织物能自动调节吸收人体周围与人体自身的辐射能量，改善局部血液循环，消除疲劳，提高肌体免疫力，并对多种疾病有较好的辅助治疗作用，例如，肌肉酸痛、肩周炎、关节炎、心脑血管疾病等。

远红外保健织物

②远红外保健织物是以陶瓷粉末或钛元素等为红外剂添加到化学纤维原料中，生产出来的远红外纤维织物。这种织物具有吸收外界光线和热量，并以对人体有热效应的7～14μn波长的远红外线形式反射出来，辐射到人体上起隔热保暖作用，并能辐射深入皮肤10～30mm，对人体产生热效应。由于这种热效应使人体血管扩张，血流量增加，可以促进血液循环和新陈代谢，对多种病菌有抑制作用，可活血杀菌，对缓解病痛、保健护体功效明显。

③电疗织物是采用变性氯纶纤维织成的弹性织物。当这种织物贴附人体皮肤时，能产生微弱的静电场，可以促进人体各部位的血液循环，疏通气血，活络关节，防治风湿性关节炎等病症。

④磁疗织物将具有一定磁场强度的磁性纤维编织在织物中，使织物带有磁性，利用磁力线的磁场作用与人体磁场相吻合，达到治疗风湿病、高血压等疾病的目的。

⑤防臭抗菌织物在天然纤维织物的后整理剂或染料中加入中草药、植物香料等，或在化学纤维聚合物中添加抗菌剂和防臭剂后生产出的织物，既能够对人体起到保健作用，又不损伤原纤维风格的卫生衣料，可以防臭抗菌，减少汗臭并防止微生物侵蚀，缓解某些皮肤病，是保健内衣和袜子的理想材料。

六、衣料的综合识别

1.综合识别衣料的方法

各种各样的衣料

在服装设计与生产过程中，无论是分析客户提供的面料还是自行采购定织面料，都需要综合运用纺织纤维、纱线织物结构及特性的知识，来判断面料的造型表现和加工能力。通常，对于经纺织印染包装后进入市场的整匹织物，可以根据其规格、吊牌标注的品号准确地判定织物品种。但是对于客户提供的小块布样或样衣还需进行面料品种的分析，对市场购进的面料也需进行真伪判断，并了解其加工特性，才能做出质量合格、外观与价格满意的服装。例如，面料外观有方向性差异，服装生产中排料、裁剪、缝制就要按顺向的原则来安排工艺；面料的热缩性不同，其服装加工中压烫黏合衬及包装、熨烫工艺要求就要相应变化。所以，在了解不同衣料的结构特征和原料知识之后，还需要了解识别衣料的一般程序和方法。

（1）判断纱线结构。

纱线结构直接影响到织物的光泽、手感，一般从织物中抽出经向或纬向纱线进行观察并由此判断织物中的纱线结构。

①有捻、无捻的区别。无捻纱线中的纤维是顺直并合状，有捻纱线中的纤维呈弯曲螺旋状，沿加捻的反方向解捻，可判断其捻向和捻度。

②长丝、短纤的区别。抽出的丝或纱若为整根光滑有弹性的为长丝单丝，多根并合则为复丝。其中，有网结点的为网络丝，呈规律性变化形态的为变形丝；抽出的丝纱如是捻合的解捻后纤维长度不超过120mm，则为

短纤纱，短纤长度参差不齐的多为天然短纤，短纤长度均匀一致的则为化学短纤。

③单纱、股线的区别。抽出的纱线解捻后呈短纤状态的为单纱，解捻后呈纱线状态的为股线，根据纱线的捻合次数和形式还可判断复捻纱线或花式纱线。

（2）判断原料种类。

对于纯纺或交织物，可根据织物的手感及外观光泽、色彩、光洁度进行综合判断，也可抽出织物中的丝纱进行鉴别；而对于混纺织物则更适合于选用抽纱鉴别法。

①手感及外观鉴别。

纯纺与交织的区别：纯纺织物外观、色泽、光泽一致，而交织物则由于采用不同的原料及不同结构特征的纱线，从织物的外观光泽差异可辨具经、纬纱的不同，正、反面用纱的不同，表面花型与底布用纱的不同。

纯纺织品原料的区别：

棉织物表面光泽暗淡，手感软而无弹性；

麻织物表面光泽暗淡，手感硬涩；

丝织物表面光泽明显，手感柔而不滑，有弹性；

毛织物表面有毛感，光泽柔和，手感丰满，弹性好；

粘胶（人造棉）织物表面光泽好，手感柔软。悬垂性好，褶皱不易恢复；

涤纶织物表面光滑，反光好，手感挺爽，褶弹恢复好；

锦纶织物表面光泽柔和，手感柔韧，拉伸弹性好；

腈纶织物表面光洁，色彩艳丽，手感较涩；

维纶织物表面光泽暗淡，色泽灰暗，容易皱褶；

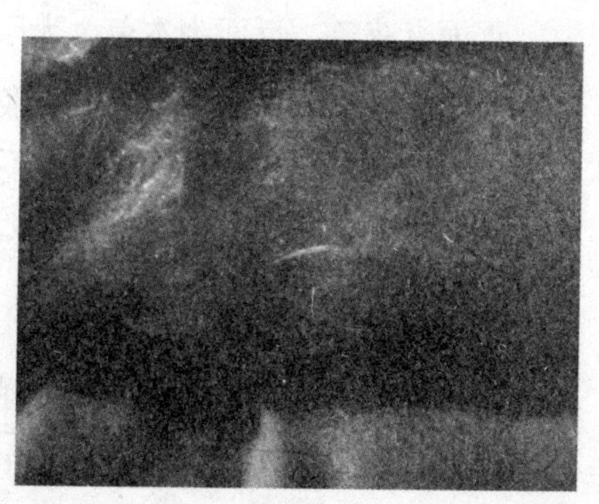
蚕丝

氨纶织物表面光洁，手感弹力强，拉伸变形明显。

②物化鉴别鉴别。纤维素纤维、蛋白质纤维、合成纤维三个大类，可采用燃烧鉴别法，分析纤维燃烧的状态、气味与灰烬。纤维素纤维有烧纸味，烧后呈白色灰烬；蛋白质纤维有烧毛发味，烧后呈灰黑色灰烬；合成纤维烧时熔融，烧后呈硬球或硬块。其中涤纶与锦纶较易比较，涤纶烧后呈黑褐玻璃球状，有芳香味，锦纶烧后形态与之相同，但发出氨臭味。

鉴别棉和麻两种纤维素纤维、蚕丝和羊毛两种蛋白质纤维及腈纶、维纶、丙纶、氯纶等合成纤维，需采用显微镜来比较纤维截面形状或采用化学着色剂比较纤维浸润后呈现的颜色才可准确鉴别。鉴别混纺织物中的原料构成与混纺比，可采用溶解法比较纤维的溶解和失重状态来鉴别。

(3) 判断织物的品名。

根据织物的厚度、密度、外观花色和后整理方式，结合前几节所讲述的各类织物的品种特点，就可以给织物准确地定义名称了。

①判定织物大类与组织机织物可以抽出经纱或纬纱，针织物表面呈线圈结构，无纺布表面呈纤维网状结构。根据织物交织的规律还可以判定其组织结构的名称，是平纹、斜纹、缎纹还是其他。

②判定织物后整理的方式：

素色且正反面同色，为染色（匹染）织物；

正面有花色，反面为本色，为印花织物；

表面组织被其他物质覆盖如挂胶般，为涂层织物；

表面结构致密，平整无皱，如浆过一般，为树脂整理织物；

表面绒毛致密，不见底纹者为缩绒织物；

表面绒毛顺齐，露底纹者为拉毛织物；

表面结构密度一致，但呈凹凸不平立体花纹者为轧花织物。

③判定织物品种根据各类织物的品种特征来区分确定其名称。

2.判别衣料的加工方向

完成了服装的设计与选料，开始进行排料和裁剪时，一个不容忽视的技术问题就是，必须能够正确地判别和运用衣料的加工方向。对顺色的服装要防止不同正、反面用在服装的同一表面，对镶色服装，又可利用正、反面的颜色和组织结构差别来进行搭配。而面料经、纬向不仅有外观上的区别，并且缩水率、热缩率、弹性均不同，更要防止弄错。

（1）衣料的正、反面。

①印花织物正面印有花色，反面无花。染色、色织织物正、反面外观相同，以疵点较少，平整光洁的面作为正面。

②斜纹织物正、反面斜向相反，色光不同，全纱斜纹织物正面为左斜纹，半线或全线斜纹织物正面为右斜纹。

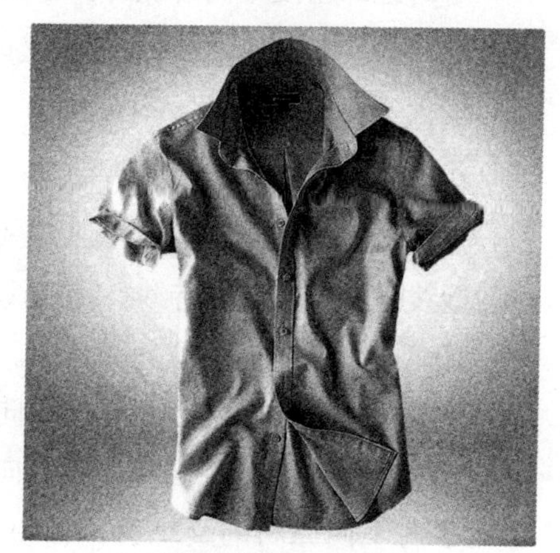

观察衣服的正、反面

③提花织物正面花纹突出，花型完整，色彩明亮，反面则花纹不清晰。如果双面提花，则正、反面阴阳互补，均可作为正面。

④起绒织物以绒面作正面，双面起绒织物则以绒毛整齐、光洁的一面为正面。

⑤毛巾织物以毛圈密度大的一面为正面。

⑥双层或多重交织物正面花型复杂，密度大，原料好。

⑦装饰涂层织物以涂层面为正面，如变色织物、反光织物、仿皮革织物等；防护涂层织物以非涂层面为正面，如防水织物。

⑧花式线织物以花色纱线效果明显的一面为正面。

⑨双幅布的里层为正面，单幅布布边光洁、针眼凸出的一面为正面。呢绒类高档衣料的布边织有产地、原料含量等文字，文字的正面即为衣料正面。

（2）衣料的经、纬向。

①与织物布边平行的方向为经向，与布边垂直的方向为纬向。

②对经纬密度不同的织物，密度大的是经向，密度小的是纬向。

③半线织物以股线作经纱，经纱方向为经向。

④凸条织物的凸条方向是经向。

⑤色织条格织物，条子方向是经向，宽度方向是纬向。

⑥经、纬纱细度不同或织入花式线、膨体纱、高弹丝时，细而条干均匀的纱线是经纱，而粗特纱、花式线、膨体纱、高弹丝等均作纬纱织入。

⑦低密织物的筘痕方向为经向。

⑧顺毛、倒绒织物表面毛的顺向为经向。

⑨纱罗织物有绞经的方向为经向。

⑩对不同原料的交织物，棉与毛或麻交织，棉纱作经纱；毛与桑蚕丝、人造丝与桑蚕丝，蚕丝与绢丝交织，桑蚕丝作经纱。

第五章

低碳服装行业的生态染整

一、超声波染整技术了解

国外在20世纪40至50年代就已将超声波技术应用于纺织品的湿加工过程。但按照Thakare等人的介绍，从应用效果和经济上的因素考虑，在纺织品的湿加工过程中，超声波应用于染色中最为有利，表现为辅助工艺中的应用和对染色过程的改进。

（1）超声波在辅助工艺中的应用。Fredman首先用30kHz的超声波制取了稳定的酞菁染料在蒸馏水中的分散液；Simanovich也研究了超声波对分散质量的影响，获取了稳定性较好的还原染料和分散染料的分散液。

（2）超声波在染色过程中的应用。第一个研究应用超声波用于纺织品染色可能性的人是Sokolov、Tumansky。Sokolov等人首先把9.5kHz的超声波用于直接染料对全棉织物的染色，结果使染色速率提高2～3倍。此后在该领域内掀起了越来越大的浪潮。

Brauer评价这种染色方法用于缩短还原染料染色纤维素纤维的时间，结果染色深度增加、而染色时间则缩短了25%。

Rath和Mark研究了声频(1～8kHZ)和超声(22～175kHZ)波，用于直接染料和酸性染料各自对棉、粘胶和羊毛染色的作用，他们也研究了分散染料在醋酸纤维表面的吸着，结果他们发现低频波对于直接染料染棉和粘胶纤维只有轻微的影响，面

超声波染整纺织物

对于分散染料染醋酸纤维的影响则比较显著。

后来Alexander和Meek应用了17.3kH的波，将它用于直接染料染棉、酸性染料染羊毛以及分散染料染聚酰胺和醋酸纤维，他们观测得到，用分散染料染聚酰胺和醋酸纤维，得到的染色速率提高显著，因此他们的结论是超声波对非水溶性的分散染料染疏水性纤维最为有益。

与他们发现的相反，Chuz等人获得了把超声波大规模地应用于水溶液体系的优质染色，他们将22kHz的超声波用于还原染料染棉，共生产了400批，其染色时间可缩短50%，然而他们并未提供定量的数据。

20世纪80年代中期，苏联提出并实践了超声波(1.9MHz)活化处理聚酯纤维，使纤维内表面及结构的变形和提高分散染料的上染百分率成为可能。

1988年Roman的Bob进行了皮革的超声染色实验，获得了满意的效果。

在20世纪90年代，国外又先后利用超声波对染料的振荡分散性和对聚酯纤维的预膨胀作用实现了涤纶的低温短时间染色。

同时India的一些学者对直接染料染色动力学进行了研究，证明了空穴效应和热效应在染色过程中所起的单独和共同的作用，人们也对活性染料染纤维素织物中超声波能量的应用以及超声波在染尼龙中的作用进行了研究，都获得了令人满意的结果。

1995年India的Bombay在阳离子染料、酸性染料和金属络合染料染丝绸中应用超声波处理，可以实现织物的低温短时间染色，并可以提高染料的上染率。

总之，国外过去四五十年的研究，按照Thakove等人的评价，在纺织品的湿加工过程中，最有希望的应用是用于染色，超声波能量的应用可能是经济的，具有的好处是较短的加工时间，较高的上染百分率，较低的纤维损伤，提高效率和具有重现性的染色色泽等，国外的研究资料表明，无论是对于水溶性染料染天然纤维，还是对于非水性染料染疏水性的纤维，超声波技术的应用都有助于染色的进行。

国内虽然在超声波技术的其他应用方面已取得了显著的成果，有的已经达到了或超过了国际水平，但超声波在染色中的应用研究却不多，有关于这方面的研究报告的译文有不少，这也说明了我国的有关学者对此课题的充分重视。

染色专业在我国纺织行业中占有十分重要的位置，印染技术的改进是纺织行业上质量、上层次、上效益的关键环节之一。目前国内外虽然提出了不少有关改进染色工艺的新方法和新技术，如溶剂法染色，无线电波和远红外加热，在一定程度上使染色缺点得以改善。但面对世界性的能源危机和科学技术的飞速发展，人们生活水平的提高，特别是自动化程度要求更高的科技，人们迫切要求开发一种能实现织物的低温短时间染色，提高染料的上染百分率，降低环境污染，提高劳动生产率的染色技术，使工人有更多的业余时间用以提高他们的身心素质，形成良性循环，同时又能使高新技术渗透到纺织行业中去，便于纺织行业实现自动化的新方法新技术，超声波染色确实具有这一时代特征。然而，国外有关这方面的研究资料还缺乏足够的数据说明，而且他们对于超声波有利于染色进行即超声波机理的解释，还往往只局限于超声波作用，就是对这方面的研究还不够完善，例如缺乏最直观的微观观察照片，而有关于超声波能引起纤维微观物理结构变化的详细研究，迄今为止尚未见诸报道。按照Wisniewska的解释，而且我们也坚信，纤维的大分子在超声波的作用下并不能总是惰性的，因此超声波的作用机理只有从超声波对染浴和纤维两方面的作用考虑，才能做出更加充分，更加全面，更加科学的解释。

二、超声波染色的应用前景

(1) 采用超声波进行染色，与常规的染色相比，可以提高染料的上染百分率，这样可以在染色过程中采用较少的染料获得要求的色泽深度，从而达到减少染料的用量，节约成本和降低环境污染的目的。随着人们对环保问题关注加深，超声波染色技术必将受到人们的重视。

（2）采用超声波进行染色可以提高上染速率，加大扩散系数，降低染料的扩散活化能，从而可以实现织物的低温短时间染色，从而提高生产效率。

（3）超声波染色与常规染色相比，可以节省热能，属于低温染色，可以避免由于染色对蛋白质纤维和部分化学纤维造成损伤，有利于提高产品质量；同时还可以使难于在高温下进行的工艺技术得以顺利地进行。因此超声波染色是一个很有前途的染色方法。

（4）超声波在染色体系中所起的作用，不但与超声波在染浴中所产生的空穴效应和热效应，以及一系列伴随的搅拌、分散、除气和破坏染料扩散边界层等方面的作用有关，而且还与超声波对纤维织物的微观物理结构的影响有关。同时，超声波染色的机理远非一门学科所能解决，它不但包含了染色理论方面的内容，而且更多地融会了力学等方面的内容。面对今天科技的飞速发展，学科之间的相互交叉，相互渗透越来越频繁，超声波染色技术必将表现出更加强大的生命力和广阔的发展前景。

（5）超声波染色技术的兴起，必将把高新技术引入到纺织行业中去，便于纺织行业实现自动化。超声波技术的引用能将原本笨重而落后的作坊式的纺织加工业迈向高新技术，并逐步实现电子计算机控制的自动化。

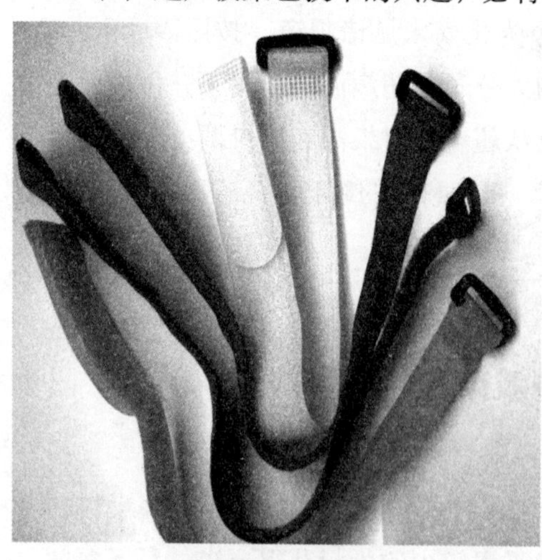

超声波染色布

（6）目前被广泛应用的涤纶纤维，结构十分紧密，在常规条件下其对分散染料的染色一般采用高温高压或热溶的染色方法。在上述超声染色的条件下，虽然染色速度得到明显提高，但纤维的给色量不足，仍需要载体的帮助或使用膨化剂将纤维进行预处理，这样仍然存在对环境的污染问题，因此采用更高强度的超声（服）染色已引起广泛注意。研究表明，采用55Hz的高频超声波处理分散染浴，然后立即用其对涤纶纤维进行染色，染色过程中并没有使用超声波，结果染色深度增加了50%。

（7）大部分专利都声称超声波在纺织品湿加工过程中的有效性，但很少有人试图将该技术应用于工业化生产，这一方面是由于超声波的昂贵费用，另一方面是由于超声波的染色工艺还不十分完善和成熟，有关超声波的频率对染色过程尤其是纤维微观物理结构的影响；超声波的频率是否对染料和纤维织物之间具有一定的选择性；超声波对纤维前处理的结果对染色质量的影响；超声波对纤维微观物理结构影响的其他光谱分析，还亟待进一步解决。随着工艺技术的进步和超声波设备在其他工业领域的推广应用，其费用也将不断降低，坚信经有关人士的不懈努力，超声波染色技术的工业化应用已为期不远了。

三、电化学染整技术的实际应用

21世纪是科技爆炸的时代，国际市场竞争十分激烈，高新技术的渗透正使纺织行业大为改观，而能耗和环境问题在国民经济和社会生活中又具有十分重要的意义，自20世纪70年代初，能源危机席卷全球，风波迄今未息，节能问题已为世人瞩目。染整行业的能耗和环境污染也不容忽视，如何降低能耗和环境污染、同时又能实现电子计算机控制的自动化，已成为国内外染整工作者普遍关注的问题，织物电化学染色课题正是在这种情况下应运而生。

经过多年来的努力，虽然从实践和理论上证明了电化学染色的可能性，佐证了它具有其他染色方法所无法比拟的优点。然而由于实验条件和

时间的限制，离工业化生产还具有一定的距离。目前这一课题还有许多尚未解决的问题。

①根据染料和纤维的性质，如何选择合理的电参数如两极间电压的大小以及极间距的大小，是首先要解决的问题。

②电化学除应用于染色外，是否可以应用在染整加工的其他环节如煮炼漂白或整理阶段，以及研制出的电化学染色设备，能用于染整行业的连续加工，以使生产经济合理化。

③如何研制适应用工业化生产的电化学染色设备是今后首先需要考虑的问题，既要保证良好的染色质量，实现各种电参数的控制，又要使成本符合要求，同时还需要配套一系列高新技术人员。

四、染整加工中等离子体技术

迄今为止，染整加工仍以湿加工为主，不但耗用大量的水，浪费能量，而且严重污染环境，处理费用过高，造成不必要的经济损失，也给社会造成很大的危害。随着21世纪的到来，能源危机席卷全球，绿色旋风风靡世界，同时也随着近年来等离子体技术的发展和人们对之认识的加深，等离子体技术在染整加工中的应用也引起了国内外有关学者的关注，以它无法比拟的优点在染整加工中占了一席之地。

化学染整技术

①等离子体技术是一个纯粹的物理反应过程，不需要水引发，水只作为设备的冷却介质，且可循环使用。

因此等离子体处理干净，节省资源，不产生任何污染，成本结构优化。

②在染整加工中应用等离子体技术，在提高纺织品的加工质量上，尤其是均匀性方面具有很大的优势。

③在染整加工中应用等温等离子体技术虽然设备需要较高的投资，但它对能源、水、化学药品、人力的节省使它仍不失为一种经济可行的手段。

下面分别介绍一下纤维素纤维的低温等离子体处理。

低温等离子体技术用于纤维素纤维表面的改性的研究，在20世纪60年代初就有报道。它可以改善纤维素纤维的可纺性和强力，改善纤维的润湿性和染化药剂的结合能力，改善纤维素纤维的染色性和提高其印花效果，可以进行纤维素纤维的接枝变性和功能整理等。

1.棉纤维的低温等离子体改性

棉纤维的低温等离子体改性起步较早，包括辉光处理和电晕处理改性。

（1）辉光处理改性June和Benerito俊藤等人用的装置进行棉纤维在氩、氮、空气和氨气中的辉光放电处理，研究其在辉光和余辉光部分棉纤维的处理效果，并对处理后的纤维运用相关的仪器进行处理效果的测试分析结果如下。

①在氩气中处理后，润湿性比未处理的提高几倍，纤维表面状态虽没有变化但产生游离基。

②无论经哪种气体进行辉光放电处理之后，棉纤维的吸水性、吸油性加速，在水中和染液中易于均匀润湿，且手感风格也不同，并且仪器分析表明是由于在氩气和氮气中处理后，棉纤维表面产生酮和醛基，氨中处理后，表面出现酰氨基所致，而且氨气辉光处理之后，能显著地提高其干防皱性而且湿防皱性不变。

③有人利用不同种类气体对不同种类的纤维辉光放电进行处理，发现棉纤维生成的自由基的密度最高。

可见在CO和CF_4气体中处理后形成的自由基水平最高，以氨气处理的最低，而且以棉纤维处理后形成的自由基水平最高。

（2）电晕放电处理，根据资料报道，棉粗纱经氯气电晕放电等离子处理后，抱合力可增加4倍，棉纱的拉伸强力可以增加24%，这样可以提高棉纱的可纺性，降低织造过程中的断头率。而且发现棉条的润湿性和强度的改善与功率及处理时间有关。

同时有人采用连续式电晕放电等离子体处理装置处理粘／棉混纺织物证明了棉条的润湿性和强力有所改善。

（3）除了应用低温等离子体技术对棉纤维进行改性，低温等离子体处理技术还可以用于棉纤维其他方面的处理。

①在棉织退浆和煮练中的应用如下。

a.退浆中应用　据报道PVA经CO_2、H_2O等气体的等离子体处理可发生如下的变化。

由于分子链被切断，引入亲水性的基团从而提高其溶解性，易于水洗去除。

b.煮练中的应用　经60℃低温等离子体处理的，正常漂白。

经煮炼漂白或低温等离子体处理的蜡质中C—O键，C=O的含量会增加，C—H键的含量会减少以至亲水性获得了提高。

②利用等离子体技术引发乙烯单体和丙烯腈单体在纤维表面的接枝聚合，从而可以使棉纤维具有较好的憎水性和生产氰乙基棉。

③近年来等离子体技术可用于棉纤维的处理，先使纤维活化，然后进行各种整理。例如阻燃、防皱和卫生等功能整理，以提高其整理的效果。

2.麻纤维的低温等离子体处理

（1）亚麻纤维的低温等离子体处理。在纤维素纤维中，亚麻并不具有棉的多方面的适用性。它的结构紧密，纤维素纤维结晶度高，并且部分地由于难于纺织品加工而价格较贵，现行的湿纺和整理方法具有许多缺点，例如能耗大，对设备要求高，污水处理费用高，环境污染严重，因而迫切需要诸如低温等离子体处理的这样的干加工方法来改良纤维。

为此美国有关学者利用日本Showa有限公司的等离子体聚合作用装置SPP−D01（13.56MHz)棉纤维表面的ESCA分析谱图在氧或氩气中对亚麻织物进行1−氧等离子体处理60s的棉纤维；2−正常离子体处理，并用相关的仪器进行各项性能的测试。

①用飞利浦公司生产的PW 3710型衍射仪，按照BS3090，以及ASTM D2654−89A分别测定了处理前后纤维的X射线法结晶度、铜铵流度及回潮率的变化。

与常规试样相比铜铵流度有所增高，而低温等离子体处理的试样均无明显的变化，这表明低温等离子体的销蚀作用仅仅发生在结晶的表面和无定形区，可接近链的末端，并不会影响纤维整体的结晶度。

回潮率稍有减小原因是等离子体内在限定渗透深度的侵蚀作用去除纤维表面无定形区造成的。

②织物的失重率变化。

可以进一步佐证低温等离子体处理对纤维表面所造成的刻蚀的作用。

③织物的弯曲特性和褶皱回复性。

由于等离子体侵蚀纤维表面，聚合物分子发生断裂，因而使纤维更为柔软和易于弯曲，但当时间太长，织物过分地干燥和硬化，会影响织物的弯曲刚度，改变织物的褶皱回复性。

④X射线光电子光谱学(XPS)分析。

众所周知，XPS分析可以给出纤维表面上的化学成分（元素分析）和原子类型的化学状态（键合和氧化）变化的资料，经低温氧和氩等离子体处理后的亚麻纤维表面原子的化学成分百分率的相对强度以及亚麻的C1S。

在较低放电功率下经氧等离子体处理后都导致低的C1S和较高的C1S强度。在较高的放电功率的条件下，氩等离子体处理会导致更低的C1S。

无论经氧还是经氩等离子体处理，在纤维表面的−COOH成分都有显著的增加，从而增大纤维表面的亲水性，增加其对化学试剂的润湿渗透功能。

⑤扫描电镜观察。

氧等离子体处理会产生明显的刻蚀作用，在纤维表面逐渐地形成微小的凹坑和表面损伤，表面面积显著地增加，从而发生有利于染整加工的变化，而氩等离子体处理的不会产生明显的刻蚀作用。

⑥吸水性。

由于等离子体对纤维的辐射，物理和化学侵蚀作用，可将极性基团引入纤维表面，以及在纤维表面产生裂缝和微孔，因而会使吸水率提高。

(2)苎麻纤维的等离子体处理，苎麻纤维具有很好的物理机械性能，其织物的服用性能也很好，但它和纤维素纤维相比（包括亚麻纤维），染色性能差，不易染深、鲜艳度也很差。

苎麻利用氧低温等离子体处理后和亚麻一样，苎麻织物的毛细效应明显地改善，润湿性好。一方面是与化学侵蚀在纤维表面造成许多亲水性基团产生有关；另一方面是由于物理刻蚀在表面形成微凹坑和裂缝使表面增加的缘故，从而大大增加麻纤维对水的吸附能力，当然这一切效果都要在合适的功率和处理时间下。

五、走近微胶囊技术

1.微胶囊的定义和意义

所谓的微胶囊技术，是将某种物质用某些高分子化合物或无机化合物，采用机械或化学方法包覆起来，制成颗粒，直径1～500μm，在常态下为稳定的固体颗粒，而该物质原有的性质不受损失，在适当的条件下又可释放出来的一种技术。微胶囊技术就是将气、液、固态物质包埋到微小封闭的胶囊内，使其内容物在特定的条件下以可控速度释放的技术。这一微小封闭的胶囊就叫作微胶囊，封入液体的微胶囊就叫作软的微胶囊。

(1) 广义地讲，微胶囊具有改善和提高物质表现及其性质的能力。一般包括以下一些功能：

①液体转为固态，其内部还是液体，仍保持液相反应性。

②改变质量或体积，由于制造微胶囊时包裹进空气，以使紧密的固体在微胶囊化后均匀悬浮于液体中。

③降低或抑制挥发性。

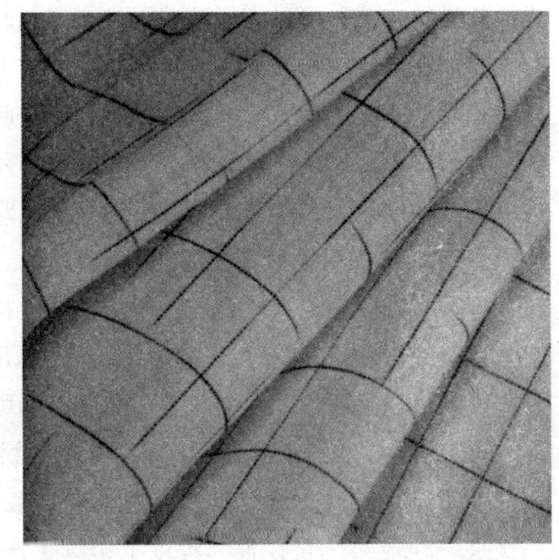
苎麻纤维

④控制释放。如需要即刻性释放，可以加压、揉破、毁形、摩擦或加热等，也可选用低温水溶性好的壁材来达到即刻释放的目的。

⑤隔离活性成分。由于微胶囊隔离了能起化学反应的活性成分，所以在要求它们进行化学反应之前，它们不会反应。

(2) 在染整加工中将化学药剂制成微胶囊的目的主要有以下几个方面。

①利用微胶囊技术可以实现非水系染色如静电染色等，从而可以降低环境污染，减轻处理污水的负担。

2.微胶囊技术在纺织工业中的应用

某些纤维可以成功地用非水溶性的、分散得很细的分散染料悬浮体染色，染色后，往往还需作进一步处理，使染料固着在织物上。这一方法限制了所得花型的范围，因此，开发了一种特别用于如聚酯和聚酰胺这种合成纤维的印花方法。即将图案印在暂时作为载体使用的薄片上，当薄片与纤维接触加热时，染料通过挥发而转移到织物上。这一方法同样亦受到限制，因为所用染料，必须在织物熔点之下即能挥发。将染料或其母体形

成微胶囊的方法，可以克服这些困难。印制时可将两种或更多种微胶囊染料，施加在传送织物表面，然后再铺在织物上，加上机械压力，使微胶囊破裂，染料即被沉积在织物上。另一方法是施加能使囊壁溶解或水解的化学物质。属Bristol的DickinsonRobinson研究组人员发现，这一方法同时适用于天然纤维和合成纤维，包括棉、丝、麻、毛、粘胶、耐纶、腈纶和聚酯纤维。可以用明胶或阿拉伯树胶作壁，但不排除使用合成高分子材料。溶解或分散在疏水性物质，如油中的染料，可通过胶囊破裂而释放，这些胶囊最适宜的直径为20～150μm。可以用一对轧辊对囊壁施压，必要时还可以将辊筒加热。含染料溶剂的微胶囊可以与含染料的胶囊，一起黏附在转移纸上，当胶囊破裂时，溶剂帮助染料转移到织物上。

由于染料颗粒的凝聚，产生在染色织物上形成色点，对染色者来说一直是一种威胁，它在很大程度上影响了产品的价值，但日本的纺织品生产者提出，如果可将斑点排列，如排成新颖的式样和图案，即可生产出一种新的、能销售的产品。但是，用一种以上染料，来获得这种效果是困难的，因为两种或两种以上染料拼混时将相互混合。一些物理上排斥的染料，它们的染色性能亦往往不同，此外，亦很难在市上得到这种混合染料。人们因此认为，把染料制成微胶囊，是最可能解决商业上所要求的、织物多色色点印花的一种技术。微胶囊的壁应能限定染料颗粒的形态（球形、椭圆形、液滴状、鳞片状或纤维状）和保证合适的染料得到所要求的混合浓度。还要保护好囊芯中的染料，不受工艺中用水或其他纺织助剂的影响。

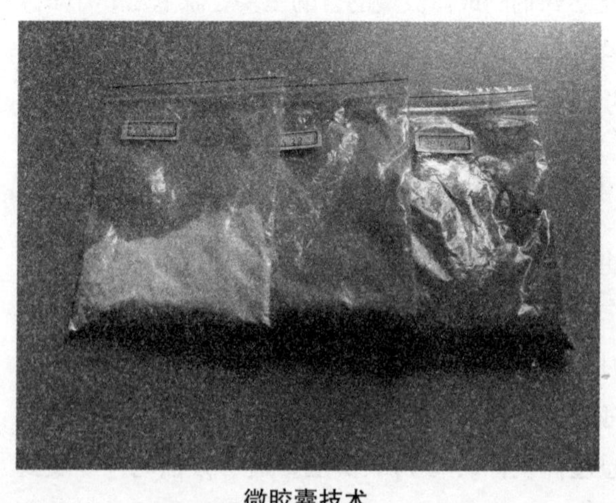

微胶囊技术

20世纪70年代初期，松井色素化学公司在研究中发现，分散染料最适宜于微胶囊制造。虽然其他类染料由于水溶性较大，不大成功，但亦可通过变性，将这类染料制成微胶囊。甲基纤维素被选作分散染料微胶囊的造壁材料。分散染料的来源不同，对这一方法的成功，有着决定性的影响。各厂生产的染料颗粒不相同，同一厂生产的、不同色的颗粒大小亦不同。这些对微胶囊制造的适合程度都有影响。分散染料中所含的扩散剂，对微胶囊形成的均匀程度亦有很大影响。松井目前在市上销售的许多微胶囊染料，称作N型精细染料。胶囊中含有聚酯染色用的高浓度分散染料。

林化学公司也开发了一系列微胶囊染料。这类染料可使用于聚酯、棉、腈纶、聚酰胺和毛等产品上，取得多色效果。这些微胶囊的壁，一般是亲水性高分子化合物，如明胶、果胶、琼脂、甲基纤维素、丙烯酸或马来酸等为材料。林化学产品MCPHP染料为一种微胶囊化的分散染料，与纤维接触，经过适当处理，即成为色点，其直径大小可达50～3000μm。色点的大小，只需通过胶囊的大小、形状和染料浓度的变化来调整。在水相中染色时，囊壁必须是亲水性的，同时，为了控制染料对胶囊的渗透，有必要使用增稠剂。在应用的过程中，决不能让染料释放出来，达到吸尽阶段时，染料应显示出原有的染色特性。微胶囊的大小不应影响常规加工处理。这些含分散染料的胶囊，直径在10～200μm，在汽蒸时破裂。染料在制造过程中必须极小心地控制颗粒的大小，保持75%以上的颗粒在30μm以下，这样可保证染料中50%左右的颗粒用于产生多色色点效果。在配制染液时，应加入合适的HCP载体，必须注意保证不使染料与载体接触。通常情况下这点不会成为一个问题，除非在染液混合时，温度上升超过5℃以上。碱性和酸性染料亦可如同分散染料一样制成微胶囊。这些染料可以在织物上，用单相法完成多色印花，并有很好的重现性。但在保持染料颗粒大小的分布方面，稍微存在着一些问题，因而，染料性能可能会变化。用这种染料不能印出大的多色色点。

六、微波技术在染整加工过程中的应用

微波是一种频率为3×10^{8}～ 3×10^{11}Hz的超短波电磁波，具有许多独特的优点。近年来在工农业生产及医疗卫生部门，以及食品加工业中用做加热、干燥、灭菌、烘烤、理疗手段。

众所周知，染整加工过程大多都是水溶性极性分子对纤维织物的吸附、扩散甚至发生化学反应的过程。一般材料的相对介电常数εr都在2左右，损耗角正切一般都很小，而水的约80，tgδ约0.3，都很大，因此在微波辐射下，水分子的介电损耗极大，能强烈地吸收微波的能量，在微波的染整加工过程中，存在于织物及溶液中的水分子吸收了微波的能量，使水分子运动加剧，从而大大地促进染料分子及整理剂分子在织物内部的扩散，有效地推动了染料分子及整理剂分子与纤维分子的结合，可能会极大地增大染料及整理剂分子的扩散系数，从而使人们想到了用微波进行染色及染整加工过程。

微波技术在染色中的应用

（1）微波的性能测试。

我国在1991年就出现了活性染料对纯棉织物的微波染色，所采用的微波仪是在NE–6790微波炉。常规染色采取的是染、固液同浴；微波染色采用的染、固液分开，而且中间的烘干是在烘箱中的，常规和微波都采用的染固液同浴，其测试的结果比较如下：

采用微波进行染色较之常规染色具有许多突出的优点，不仅极大地缩短染、固色时间，而且染色深度和上染百分率都有所提高，同时，为了揭示微波的染色实质，实验中还对下列性能进行了测试。

①X射线衍射。本试验的仪器采用的是（日本）理学3015X射线仪，对经微波辐射2min（内）和未经微波辐射的棉纤维都做了X射线衍射试验。

我们采用了Weidinger方法计算它们的结晶度其结果如下。

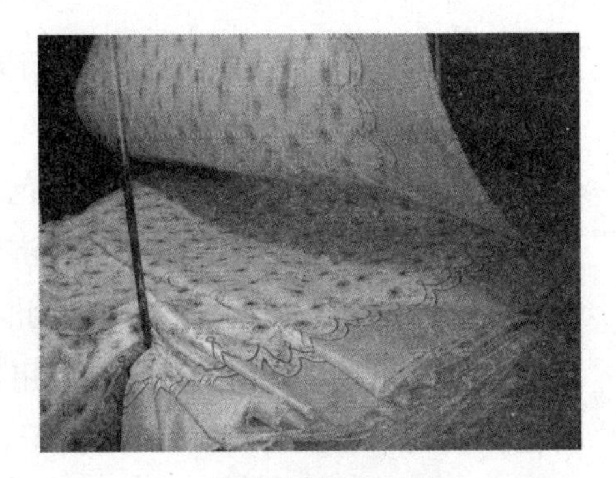
微波染整加工织物

经微波辐射的结晶度，虽然呈起伏状变化，但染色时间最终稍有下降。

②红外光谱。用测量棉纤维中晶带和非晶带的吸光度比的方法，考察受微波辐射的棉纤维的变化。而且用仪器WFD-B型分光光度计用KBr压片法进行光谱测量，试样与KBr之比为1：100，采用基线法量度光强，受微波辐射后A1437/A895的变化，亦即结晶度的变化，其情况与X射线衍射结果一样，这里要说明的是棉纤维红外光谱中1437cm-1和895cm-1处谱带主要来源于CH_2的面外摇摆和OH的平面弯曲振动，分别为晶带和非晶带。

③扫描电镜。用的仪器为（国产）DXS-10和（英国）CamsScan Serier4型扫描电镜，将微波辐射前后的棉纤维置于真空镀膜机上镀膜，然后放在扫描电镜中观察可知，经微波辐射后纤维束变得蓬松，纤维径向变得略粗，表明略呈粗糙。

④X光电子能谱可用于了解纤维表面的状态，用的仪器为（国产）NP-1型X光子能谱仪，以C1S结合能285eV作为内标，测定其他元素有关电子峰的结合能，由X光电子能谱求得的棉纤维中O和C的相对含量可知，在经微波辐射后的能谱中，发现C1S峰的高的结合能部分略有增强，而C1S峰的低的结合能部分略有减小。因X光电子峰强度与化合物中各元素的原子数或浓度成比例，即强度正比于浓度c。在实际工作中，用峰的面积比来表示相对含量比，误差较小，从实验测得的[O]/[C]可以看出在辐射下，纤维表面的[O]/[C]有所增加，它们可能是自由基和羧基。

（2）提高微波染色均匀性的措施。综上所述，微波有利于染色的进

行是毋庸置疑的。微波之所以有利于染色的进行是由于微波对介质的特殊加热方式而使染浴和纤维物质受热匀透以及微波所引起的纤维表面及形态的变化所致。在微波染色应用到染色工艺时，是否会使所染产品的质量达到规定的要求，是否具有可观的经济效益和社会效益，是否能保证人们的身体安全，这是人们所关心的。因此必须采用相应的必要措施。尤其是染色均匀性的问题。国内的厂家在应用微波染色中存在的最大问题是染色不匀性，而日本市金的Apollotex由于在使电场的分布均匀方面采取许多措施，从而提高染色物的均匀性，市金所采取具体措施如下。

①波导的排列进行了调整，两组5kW的微波发生器，波导每组各有两套2.5kW的波导按A1–B1–A2–B2排列，A组与B组的两套波导交替排列。

②在箱形加热器中，利用漫散射波，不使微波直接照射到织物上，先照到弧形金属顶上，再漫散反射到织物上，布在加热室内边打卷边照射微波，使整个织物幅面上均匀地照射到微波。

③加热室内充满2.99MPa的饱和蒸汽，既保证了织物内外部的温度均匀，有利于染料分子的扩散，又能使微波漫反射达到均匀照射的目的；还可以起到缩短加热时间，节约能源的目的。

总之，根据不同的织物采取适当的微波照射方式，尽量与间接加热方式结合起来，对于保证染色的均匀性是至关重要的。

至于染色深度和牢度，由于微波的加热，染料的分子向纤维内急速扩散，促使染料分子与纤维间发生物理化学反应，因此上染百分率高，染色深度深，染色牢度增大。

（3）微波染色的优点。

①采用微波加热可以大大缩短加热所用的时间，从而提高生产效率，因为采用微波加热，由于被加热的织物本身就是一个发热体，是直接加热，可以在较短时间内实现快速加热。

例如，把含水量从80%烘干到2%所需的时间，热空气加热的时间是微波加热的10倍，大大减小了热损耗，从而达到节能的目的，为挽救世界性的能源危机做出贡献。

②微波加热具有选择性，利用微波染色时，由于水的自身特性，对微波能选择吸收，这样一方面有利于染料分子向纤维内部扩散，另一方面又可避免被加工的纤维纺织物受到损伤和破坏，具有远大的发展前景。

③微波加热具有整体性，被加工织物是内外表面一起受热，加热均匀、生产效率高，同时微波加热有利于将新技术渗透到纺织行业中去，便于纺织行业实现自动化，以满足纺织工业走向国际市场所面临的科技的挑战，具有可观的社会效益。

微波技术在其他染整加工中的应用

微波除了应用于染色工业外，在退煮漂白的工艺中采用微波组合处理可以大大地缩短前处理的时间，而且对退浆与棉籽壳的软化都具有很好的效果，而且对织物的强力损伤也较小。

例如，经淀粉上浆的100%的棉平纹坯布进行退浆，煮练前处理，第一步经3min汽蒸处理，然后第二步用2min的微波和汽蒸同时处理，这种方法与常规两步汽蒸法即每步都是20min的汽蒸，对比如下。

工艺结果表明，第一步，棉籽壳去除成功；第二步，后退浆程度达8～9Tegewa，表明退浆达标；第三步所得的白度指数为84Stensby，取得非常好的结果，而且强度又没有差异。